AF905534

Jörg Koch

# Deutsche Eisenbahnbrücken in historischen Ansichten

## 135 Meisterwerke der Ingenieurskunst

transpress

Einbandgestaltung: Sven Rauert
Titelbild: Historische Ansicht der Göltzschtalbrücke (1910)
Foto: Archiv Jörg Koch

Bildnachweis:
Die zur Illustration dieses Buches verwendeten Aufnahmen stammen – wenn nichts anderes vermerkt ist – vom Verfasser.

Eine Haftung des Autors oder des Verlages und seiner Beauftragten für Personen-, Sach- und Vermögensschäden ist ausgeschlossen.

ISBN 978-3-613-71783-1

Copyright © by transpress Verlag, Postfach 10 37 43, 70032 Stuttgart.
Ein Unternehmen der Paul Pietsch Verlage GmbH & Co. KG

1. Auflage 2026

Sie finden uns im Internet unter www.transpress.de

Nachdruck, auch einzelner Teile, ist verboten. Das Urheberrecht und sämtliche weiteren Rechte sind dem Verlag vorbehalten. Übersetzung, Speicherung, Vervielfältigung und Verbreitung einschließlich Übernahme auf elektronische Datenträger wie DVD, CD-ROM usw. sowie Einspeicherung in elektronische Medien wie Internet usw. ist ohne vorherige schriftliche Genehmigung des Verlages unzulässig und strafbar.

Dieses Buch wurde nach den geltenden Vorschriften der General Product Safety Regulation (GPSR) entwickelt. Bei Fragen oder Problemen wenden Sie sich bitte an den Verlag unter der folgenden E-Mail-Adresse: gpsr@paul-pietsch-verlage.de

Lektor: Hartmut Lange
Innengestaltung: Sven Rauert
Druck und Bindung: Graspo CZ, 76302 Zlin
Printed in Czech Republic

FÜR JIA FENG

# INHALT



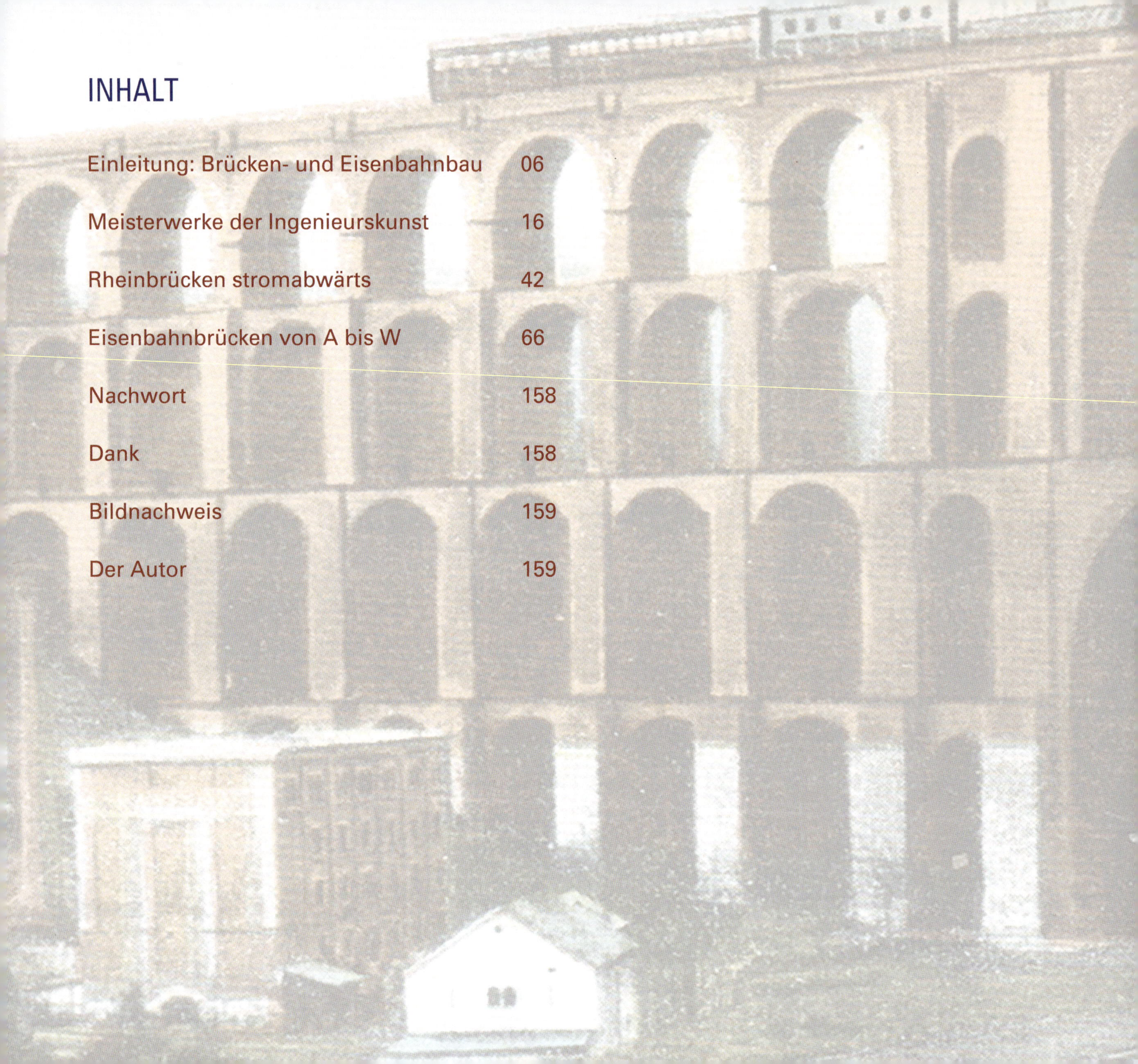

100 JAHRE MÜNGSTENER BRÜCKE
100
1997
2015
1947
70
Köln
Deutschland
Dom und Hohenzollernbrücke
2022 | €
5
5
HANNOVER – HAMBURG
BAHNPOST
Z. 76.
DEUTSCHES REICH
Fortsetzung der Höllenthalbahn
Freiburg-Donaueschingen.
Mauchach Übergang bei Döggingen.
100
0,51 €
Eisenbahnhochbrücke Rendsburg
DEUTSCHLAND
2001

EINLEITUNG

# BRÜCKEN-

# UND EISENBAHNBAU

Jahrzehntelang war es in Deutschland unbedenklich und selbstverständlich, über Brücken zu gehen und zu fahren, sei es mit dem Fahrrad, dem Auto, dem Bus, der Straßenbahn oder der Eisenbahn. Nach dem Einsturz der im Jahr 1971 errichteten Carolabrücke in Dresden – einer Straßenbrücke über die Elbe – im September 2024, ist diese Sicherheit in Frage gestellt. Rund 27.700 Eisenbahnbrücken bestehen heute im Land, nicht ganz die Hälfte dieser Bauwerke sind mehr als 100 Jahre alt, ein Großteil der Brücken ist sanierungsbedürftig, allein etwa 1000 Überquerungen gelten als abrissreif.
Ähnlich ist die Situation bei den Empfangsgebäuden der Bahnhöfe. Auch sie wurden ab der Mitte des 19. Jahrhunderts geplant, errichtet, erweitert und dann oftmals durch einen Neubau ersetzt, um sie den gestiegenen Anforderungen (mehr Fahrgäste, höhere Auslastung) anzupassen; gegen Ende des Zweiten Weltkrieges wurden viele Bauten zerstört. Eine weitere Gemeinsamkeit liegt in ihrer Vielgestaltigkeit. Wie es kleine und repräsentative Bahnhöfe gibt, so existieren unscheinbare und spektakuläre Brückenbauwerke, doch sie alle haben dieselbe Funktion. Sie sind ein Ort des Abschieds und der Ankunft bzw. sie überwinden und verbinden.

Mit der Entstehung eines geschlossenen Streckennetztes ab der Mitte des 19. Jahrhunderts mussten Täler und Flüsse überbrückt werden. Bescheiden waren die Anfänge dieser Eisenbahnbauwerke. Als Viadukte (im Deutschen kann es der oder das Viadukt heißen) werden Überquerungen von Flüssen und Tälern bezeichnet, wenn sie aus mehreren Brückenfeldern bestehen. Aus der Frühzeit der Eisenbahngeschichte (Mitte des 19. Jahrhunderts) haben sich die Viadukte bei Aachen, Altenbeken, Apolda und Bietigheim sowie das Elstertal- und Göltzschtalviadukt erhalten. Architektonisches Vorbild waren die römischen Aquädukte, also Bauten zum Transport von Wasser. Die älteste im Original erhaltene Eisenbahnbrücke befindet sich im sächsischen Wurzen (Strecke Leipzig–Dresden); der Sandsteingewölbebau über die Mulde wurde mit Eröffnung der Strecke im September 1838 in Betrieb genommen. Die älteste Eisenbahnbrücke der Welt steht in Darlington/Nordengland und ist Teil der allerersten Eisenbahnstrecke (Stockton–Darlington), über die am 27. September 1825 der erste Zug rollte.

Vereinzelt (vor allem in anderen Ländern) waren zunächst auch

Das römische Aquädukt Pont du Gard bei Nimes/Südfrankreich, errichtet um 50 n. Chr. Errichtet (Aufnahme von 2019).

Holzviadukte errichtet worden, die zwar kostengünstiger, aber auch anfälliger waren; durch Funkenflug von Dampflokomotiven konnte das Holz schnell Feuer fangen und brennen. Die ersten Eisenbahnbrücken über den Rhein (Köln, Mainz, Mannheim) wurden in den Jahren um 1860 eröffnet; sie lösten die Schwimmbrücken (Fähren) ab, deren Nutzung durch den jeweiligen Wasserstand eingeschränkt war.

Jahrzehntelang dominierte Stein als Baumaterial für die Pfeiler und den Überbau der Eisenbahnbrücken, bis im Zuge der Industrialisierung Gusseisen, also eine Eisenlegierung, verwendet wurde und der Stein nur noch als Verkleidung diente. Mit den gestiegenen Anforderungen (zunehmende Belastung) wurden die meisten Gusseisenbrücken durch Neubauten aus höherwertigem Stahl ersetzt. Bereits zu Beginn des 20. Jahrhunderts war Beton im Brückenbau üblich. Mit dem damals modernen Baustoff konnten Stahlbetonbrücken mit großen Stützweiten konstruiert werden. Die Neubauten nach dem Zweiten Weltkrieg wurden schließlich mit Spannbeton errichtet.

Als Überbauten werden im Brückenbau die Fahrbahnplatten und die Geländer, als Unterbauten die Pfeiler und Widerlager bezeichnet; die Widerlager wiederum befinden sich an den Brückenenden, sie stellen den Übergang zum Bahndamm dar. Auf ihnen stand oftmals auch ein Brückenhaus oder ein Brückenturm. Zwischen Unter- und Überbau liegt die eigentliche Brücke, die unterschiedlich gestaltet ist. Die vorherrschende Form bei Eisenbahnbrücken sind Bogen-, Balken-, Gitterträger-, Fischbauchträger- und Fachwerkkonstruktionen. Mit ihrer unterschiedlichen Form sind sie ein wesentlicher Teil der Baukultur und sie sind oftmals landschaftsprägende Bauten.

Der Bau der Viadukte und Flussbrücken war eine technische Meisterleistung. Geplant von renommierten Architekten und Ingenieuren, die oftmals auch als Hochschullehrer wirkten, brachte der Eisenbahn- und Brückenbau den großen Konzernen (u.a. Gutehoffnungshütte, Grün & Bilfinger, Harkort`sche Fabrik Duisburg, MAN Gustavsburg, Philipp Holzmann, Süddeutsche Brückenbau AG) Aufträge und Tausenden Arbeitern und Handwerkern eine zwar harte, aber auch verlässliche Einnahmequelle. Da dem heimischen Arbeitsmarkt nicht genügend Arbeiter zur Verfügung standen, wurden gerne »Gastarbeiter« aus Italien verpflichtet. Diese hatten bereits Erfahrung im Tunnelbau, als Bergleute, Mau-

Italienische Wanderarbeiter beim Bau der (1912 begonnenen und nicht vollendeten) Bahnstrecke Meinerzhagen–Olpe–Kreuztal.

rer oder Steinbrecher. Vor allem die Eröffnung der Brennerbahn (Verona–Innsbruck, 1867), ermöglichte eine massenhafte Einwanderung norditalienischer Arbeiter, die unter der zunehmenden Verarmung litten, in die deutschen Länder. Die Südländer galten als »nüchterne, fleißige und günstige Arbeitskräfte«. In den Wintermonaten kehrten sie in ihre Heimat zurück, während der Bauarbeiten mieteten sie sich bei deutschen Familien ein, die wiederum von der Miete profitierten, ebenso wie die Geschäfte des alltäglichen Bedarfs. Allerdings fehlte der heute übliche Arbeitsschutz auf den Baustellen, so dass es immer wieder zu Arbeitsunfällen mit Todesfolgen kam.

Abgesehen davon waren Brücken von Beginn an – und sind es bis heute – ein Ort des Todes. Als »Sturz aus der Höhe« gehen die vielen Selbstmorde in die Statistik ein. Allein von der Großhesseloher Brücke/Oberbayern sprangen zwischen 1877 und 1978 rund 290 Menschen in den Tod, auch die 103 Meter hohe Müngstener Brücke/Ruhrgebiet ist ein »beliebter« Ort für Lebensmüde; zwischen 2008 und 2023 zählte man dort 61 Suizide. In die Schlagzeilen geriet im August 2001 auch die Göltzschtalbrücke/Vogtland, als an einem Wochenende gleich drei Jugendliche gemeinsam in den Tod sprangen (weitere Suizide folgten). Abgesehen davon gilt aber gerade dieses noch heute bestehende Viadukt, größte Ziegelsteinbrücke der Welt, die ab Mai 1846 entstand und im Juli 1851 eröffnet wurde, als die Eisenbahnbrücke schlechthin. Zahlreiche Brücken wurden ein Opfer von Adolf Hitlers sogenanntem Nerobefehl. Diese griffige Bezeichnung wurde erst nach dem Krieg üblich; sie verweist auf den angeblichen (nicht belegten)

Befehl des römischen Kaisers Nero im Jahr 64, Rom in Brand zu stecken. Im Zweiten Weltkrieg waren fast alle Eisenbahn- und Straßenbrücken über den Rhein von alliierten Luftangriffen verschont geblieben; sie sollten für den schnellen Vormarsch der Alliierten von Westen nach Mitteldeutschland bestehen bleiben. Doch der »Befehl betreffend Zerstörungsmaßnahmen im Reichsgebiet« vom 19. März 1945 machte dieses Vorhaben zunichte:

»Der Kampf um die Existenz unseres Volkes zwingt auch innerhalb des Reichsgebietes zur Ausnutzung aller Mittel, die die Kampfkraft unseres Feindes schwächen und sein weiteres Vordringen behindern. Alle Möglichkeiten, der Schlagkraft des Feindes unmittelbar oder mittelbar den nachhaltigsten Schaden zuzuführen, müssen ausgenutzt werden. Es ist ein Irrtum zu glauben, nicht zerstörte oder nur kurzfristig gelähmte Verkehrs-, Nachrichten-, Industrie- und Versorgungsanlagen bei der Rückgewinnung verlorener Gebiete für eigene Zwecke wieder in Betrieb nehmen zu können. Der Feind wird bei seinem Rückzug uns nur eine verbrannte Erde zurücklassen und jede Rücksichtnahme auf die Bevölkerung fallen lassen.
Ich befehle daher:

1. Alle militärischen, Verkehrs-, Nachrichten-, Industrie- und Versorgungsanlagen sowie Sachwerte innerhalb des Reichsgebietes, die sich der Feind für die Fortsetzung seines Kampfes irgendwie sofort oder in absehbarer Zeit nutzbar machen kann, sind zu zerstören.

Noch heut erkennbar: Teile des Pfrimmtalviadukts bei Marnheim/ Pfalz, Opfer des Nerobefehls (Aufnahme von 2025).

2. Verantwortlich für die Durchführung dieser Zerstörung sind die militärischen Kommandobehörden für alle militärischen Objekte einschl. der Verkehrs- und Nachrichtenanlagen…«

Auch wenn diese Anordnung mancherorts bewusst ignoriert wurde, vor allem durch Rüstungsminister Albert Speer, zudem die Wirren der letzten Kriegstage diese Ausführungen erschwerten, fühlten sich einige dem Nationalsozialismus blind ergebene Wehrmachtsangehörige verpflichtet, den Nerobefehl auszuführen. Angesichts des Näherrückens der Alliierten im Westen sprengten deutsche Pioniere zahlreiche Straßen- und Eisenbahnbrücken, Schienenwege, noch intakte Flugplätze und schließlich alle Rheinbrücken von Basel bis zur Mündung. Mit dem Verlust dieser Brücken u.a. bei Mannheim, Worms, Mainz, Bingen, Koblenz, Bonn, Köln und Düsseldorf waren wichtige West-Ost-Verbindungen unterbrochen. Insgesamt waren reichsweit rund 4000 Eisenbahnbrücken von dieser irrsinnigen Maßnahme betroffen.

Damit verschwand auch eine jahrzehntealte Brückenarchitektur, die einst gepriesen wurde. Die Einweihungsfeiern großer Brückenbauwerke und die Eröffnungsfahrten, an denen die jeweiligen Monarchen gerne teilgenommen hatten, glichen stets einem Volksfest. Ebenso gerne und selbstverständlich war auch Kaiser Wilhelm II. (1859–1941) bei den Einweihungen bedeutender Brücken anwesend, erst recht, wenn diese nach seinem Großvater, Kaiser Wilhelm I. (1797–1888), benannt wurden. Die zahlreichen

Gesprengte Rheinbrücke bei Worms (nach ersten Aufräumarbeiten, August 1945).

Brückentürme Südbrücke Mainz (Aufnahme von 2026).

im Kaiserreich entstandenen Brücken und Viadukte waren nicht nur moderne Funktionsbauten, sondern sie bewiesen den hohen Stand der Ingenieurskunst gepaart mit hoher Ästhetik. Wie mit den Empfangsgebäuden setzten sich die einzelnen Eisenbahngesellschaften bzw. (nach der Verstaatlichung) die einzelnen Länderbahnen mit den imposanten Brückenbauten ein Denkmal, das reich verziert und geschmückt mit allegorischen Figuren war. Zu den großen Brückenbauten der Kaiserzeit gehörten wehrhafte Brückentürme, die mit ihren romantischen Türmchen, Balkonen, Treppen und Zinnen burgähnlichen Anlagen glichen. Bestandteil des Bildprogramms dieser massiven Bauten waren in der Regel der Reichsadler und die Wappen der jeweiligen Städte bzw. Länder.

Am Vorabend des Ersten Weltkrieges (1914) betrug das Streckennetz im damaligen (rund 540.000 Quadratmeter großen) Deutschen Reich etwa 63.400 Kilometer, annähernd 60.000 ganz unterschiedliche Brücken waren Teil dieses Eisenbahnnetzes. Die geplante Lebensdauer einer Eisenbahnbrücke liegt bei 100 Jahren, doch manche sind auch deutlich älter, was für die massive

Mainzer Wappen an Südbrücke Mainz (Aufnahme von 2026).

Stadtwappen Ludwigshafen an der Rheinbrücke Ludwigshafen–Mannheim (Aufnahme von 2026).

und nachhaltige Bauweise des 19. Jahrhunderts spricht. Andere Brücken dagegen wurden (mehrfach) erneuert, dann mangelte es in der Regel an der Bauqualität und gebotenen Instandhaltung, die angesichts knapper Ressourcen immer wichtiger wird.
Die meisten der hier abgebildeten Bauwerke sind Postkartenmotive aus dem ersten Drittel des 20. Jahrhunderts. Überwiegend ist ihnen eine eigene Ansichtskarte gewidmet, teilweise sind sie eingebettet in die Landschaft oder sie werden als eine von mehreren Sehenswürdigkeiten eines Ortes vorgestellt, jedenfalls waren sie oftmals der Stolz einer Kommune und sie haben

ihre eigene Geschichte zu erzählen. Ab 1900 wurden diese Motive massenhaft gedruckt und verschickt und schnell zum begehrten Sammelobjekt. Für den Schreiber und Empfänger jedoch war die hier nicht gezeigte Seite wichtiger; sie enthielt persönliche Mitteilungen wie Urlaubsgrüße und Glückwünsche, Einladungen oder – gerade in den Kriegsjahren – wichtige Informationen. Zugleich spiegeln diese Karten Briefmarkengeschichte wider. Jahrelang (1900 bis 1922) wurde die Germania-Briefmarkenserie verwendet, ebenfalls in unterschiedlichen Ausführungen folgten Briefmarken mit den Porträts der Reichspräsidenten Friedrich Ebert und Paul von Hindenburg (1928 bis 1932), schließlich wurde Hitler aufgeklebt (1933 bis 1945); einige Ansichtskarten wurden als Bahnpost entwertet und stellen mit diesem besonderen Stempel ein eigenes Sammelgebiet dar.

Der vorliegende Band bietet eine kleine, dennoch repräsentative Auswahl von rund 140 Eisenbahnbrücken, die teils ganz unscheinbar sind, teils mit Superlativen aufwarten können und von denen zahlreiche Bauten unter Denkmalschutz stehen. Jedes einzelne Brückenmotiv bietet einen Einblick in die Vergangenheit, als die Züge noch pünktlich fuhren und das Eisenbahnnetz unzählige entlegene Regionen miteinander verband. Wir beginnen diese Zeitreise mit drei Bauwerken, die zu den ältesten und spektakulärsten Eisenbahnbrücken gehören und die auf Briefmarken verewigt wurden: dem Göltzschtalviadukt in Thüringen (1851), der Hohenzollernbrücke bei Köln (1859/1911) und der Müngstener Brücke zwischen Remscheid und Solingen (1897). Dann folgen die Rheinbrücken, von denen die meisten ebenfalls zu den geschichtsträchtigsten Eisenbahnbrücken des Deutschen Kaiserreichs gehören. Schließlich widmen wir uns in alphabetischer Reihenfolge der Orte und Bahnstrecken den unterschiedlichsten Brücken der deutschen Eisenbahngeschichte.

Viel Vergnügen wünscht

Jörg Koch

Nicht nur große Brückenbauwerke wurden auf Postkarten verewigt, auch kleine Überquerungen. So warb 1906 die Waldschänke Jägersbronnen bei Reinbek mit einer Eisenbahnbrücke über die Bille (Strecke Hamburg–Berlin) – sie verkörperte die »neue Zeit«.

Gruss aus Jägersbronnen bei Reinbek
Fährhaus und Waldschenke von Rich. Pichinot.
Fernspr. Reinbek 20.

KAPITEL 1

# MEISTERWERKE

# DER INGENIEURSKUNST

## GÖLTZSCHTALBRÜCKE

Abseits der Großstädte, versteckt im sächsischen Vogtland, verbirgt sich Großartiges: die riesige Göltzschtalbrücke, die am 15. Juli 1851 eingeweiht wurde. Sie beeindruckt nicht nur mit ihrem Alter von mittlerweile 175 Jahren, sondern auch als Bauwerk; sie ist die größte Ziegelsteinbrücke der Welt. Mit Inbetriebnahme des außergewöhnlichen Viadukts war nun die ab 1842 in Etappen eröffnete Verbindung Leipzig–Hof und damit die Magistrale Berlin–München auf gesamter Strecke befahrbar. Bereits im Frühjahr 1846 war die Verbindung Leipzig–Reichenbach vollendet, die Strecke Plauen–Hof ab Ende 1848 im Einsatz. Gerade dieser 25 Kilometer lange Lückenschluss über das tief eingeschnittene Tal der Göltzsch und der Weißen Elster mit seinem unsicheren Grund war für die Baumeister eine besondere Herausforderung. Erprobungsträger für das gigantische Bauwerk waren die drei Viadukte des »Werdauer Bogendreiecks«, die sich (noch heute) an der Einmündung der Strecke Dresden–Werdau in die Linie Leipzig–Hof befinden und die zwischen Frühjahr 1844 und Sommer 1845 errichtet wurden, ebenfalls aus Ziegelsteinen: das Leubnitz-Viadukt, das Steinpleis-Viadukt und die Römertalbrücke.
Nach einer öffentlichen Ausschreibung in der Presse (1845) war mit der Grundsteinlegung am 31. Mai 1846 eine bislang einmalige Großbaustelle entstanden. Entlang der Bahnstrecke hatten sich rund 20 Ziegeleien etabliert, die aus den großen Lehmvorkommen des Vogtlandes schnell und preiswert täglich 50.000 Ziegel brannten. Innerhalb eines Zeitraumes von fünf Jahren wurden mehr als 26 Millionen Ziegelsteine im Dresdner Format (27,73 cm x 13,57 cm x 6,49 cm) hergestellt und verbaut. Verarbeitet wurden zudem rund 150.000 Kubikmeter Granit- und Sandsteinquader sowie annähernd 49.000 Kubikmeter Bruchstein. Ungeheuer war auch die Menge an Baumstämmen für das mächtige Gerüst, an Spezialmörtel, an Sand und weiteren Baumaterialien – auch an Arbeitskräften: 1736 Männer waren allein am Bau beschäftigt. Diesen Arbeitern sowie dem maßgeblichen Konstrukteur Johann Andreas Schubert (1808–1870), zwei Bauleitern und dem Apotheker Heinrich Carl, der den besonders beständigen Spezialmörtel entwickelte, ist an einem der beiden Mittelpfeiler eine Gedenktafel gewidmet.
Eingebettet in die Landschaft, zwischen den Stationen Netzschkau und Limbach bei Mylau, wirkt die Bogenbrücke mit ihren roten Steinen wie ein gigantisches römisches Aquädukt. Die Gesamt-

Blick auf die Kleinstadt Mylau mit Göltzschtalbrücke (Postkarte von 1912).

länge beträgt 574 Meter, die Höhe 78 Meter – bei Eröffnung war sie die höchste Eisenbahnbrücke der Welt. Der im Auftrag der Sächsisch-Bayerischen Staatseisenbahn ausgeführte Bau besteht aus teilweise vier Ebenen mit insgesamt 98 Gewölben. Die meisten Öffnungen, nämlich 29, finden sich in der obersten Etage. Die Bogenweite liegt zwischen etwa elf und 14 Metern, der obere Mittelbogen, der sich über zwei Ebenen erstreckt, hat eine lichte Weite von fast 31 Metern. Die Breite betrug bei Eröffnung acht Meter, durch verschiedene Baumaßnahmen zu Beginn der 1930er, 1970er und der 2010er Jahre liegt sie derzeit bei zwölf Meter. Das infolge von Reparationsleistungen an die Sowjetunion 1946 demontierte zweite Gleis auf der Strecke Plauen–Reichenbach (und damit auf der Brücke) wurde 1978 wieder verlegt. Bei diesen Arbeiten wurde auch die 1930 errichtete Betonbrüstung durch Stahlgeländer ersetzt, so dass seither die Züge wieder vollständig sichtbar sind.

Die Einweihungsfeier glich einem Staatsakt. Der in Leipzig gestartete Festzug, dessen Lokomotive sinnigerweise den Namen »Göltzschtal« trug, hielt kurz vor dem kolossalen Bau, der von einer großen Volksmenge bestaunt wurde. Es entstiegen Heinrich XX. Fürst Reuß von Greiz, Landesherr des benachbarten Kleinstaates Reuß ältere Linie mit Sitz in Greiz, und Albert Prinz von Sachsen, Neffe des sächsischen Königs Friedrich August II., der bereits am 14. September 1850 an der Schlusssteinlegung der Brücke teilgenommen hatte. Dieses Ereignis wurde gebührend gefeiert und bei Ansprachen wurde das Viadukt als »achtes Weltwunder« gepriesen. Auch wurde allen am Bau Beteiligten gedankt und ebenso der 31 Arbeiter gedacht, die bei Arbeitsunfällen zu Tode gekommen waren (weitaus mehr hatten Verletzungen erlitten). Nach kurzem Aufenthalt fuhr der Sonderzug weiter zur eigentlichen Einweihungsfeier an der Elstertalbrücke, die ebenfalls am 15. Juli 1851 ihrer Bestimmung übergeben wurde. Dort waren bereits Vertreter der Regierung und weitere Honoratioren versammelt.

Von der Brücke ging zu allen Zeiten eine Faszination aus – und doch war auch sie am Ende des Zweite Weltkrieges zur Sprengung vorgesehen, die allerdings nicht mehr ausgeführt wurde. Im Laufe der Jahrzehnte wurde das Viadukt mehrfach saniert, im Jahr 2012 mit der Strecke Reichenbach–Hof auch elektrifiziert; seitdem stehen 22 Oberleitungsmasten auf der Brücke. Jahr für

Postkarte (1910)

Jahr zieht es zahlreiche Touristen, nicht nur Eisenbahn-Fans an, auch Besucher von Open-Air-Veranstaltungen, die vor der Brücke stattfinden. Ein Museum in der ehemaligen Mühle bietet anschaulich und mit vielen Original-Dokumenten eine Zeitreise zu 175 Jahre Göltzschtalbrücke, die als beliebtes Postkartenmotiv seit Ende des 19. Jahrhunderts millionenfach in alle Welt verschickt wird. Als besonderes Industriedenkmal wurde es ebenso von der Deutschen Post der DDR und der Deutschen Post der Bundesrepublik geschätzt, die 1976 bzw. 1999 eine 25-Pfennig- bzw. eine 110-Pfennig-Sonderbriefmarke herausgaben. Außerdem spielte das Viadukt eine herausgehobene Kulisse in der sechsteiligen ZDF-Serie »Mandat für Mai« (2024) und es ist selbstverständlich Teil der beachtlichen Gemeinschaftsanlage des Modelleisenbahnclubs »Göltzschtalbrücke« e.V. Netzschkau/Vogtland. Zum 175-jährigen Bestehen fanden zahlreiche Festivitäten rund um die eindrucksvolle Brücke statt, die ein monumentales Wahrzeichen des landschaftlich schönen Vogtlands und der Ingenieurbaukunst darstellt – und auf der selbst die längsten Züge winzig wirken.

Göltzschtalbrücke (Aufnahme 2025)

Postkarte mit Mühle im Vordergrund (1910).

Gruss aus der Vogtl. Schweiz
DIE GÖLTZSCHTALBRÜCKE
(Erbaut 1846–1851)
92 m hoch, 578 m lang
Baukosten 6 599 621,62 Mk.

Linke Seite: Postkarte (1900)

Göltzschtalbrücke mit Brückenstraße (2025)

Infotafel anlässlich des 150.
Jahrestags der Brückenweinweihung (2001).

Gedenktafel (1958) für Johann Andreas Schubert (1808–1870), Konstrukteur der Brücke (Aufnahme 2025).

110-Pf.-Sonderbriefmarke,
Deutsche Post, 1999.

25-Pf.-Sonderbriefmarke,
DDR, 1976.

Ziegel im Dresdner Format (Brückenmuseum 2025).

Göltzschtalbrücke (2025).

Göltzschtalbrücke (2025).

Mittelbögen der Brücke (2025).

# Köln

## Dombrücke

Die heutige Hohenzollernbrücke, die den Kölner Hauptbahnhof mit der rechtsrheinischen Seite der Domstadt verbindet, ist mit rund 1200 Zügen pro Tag die meistbefahrene Eisenbahnbrücke Deutschlands. Ihr Vorgängerbau, die Dombrücke, wurde bereits am 3. Oktober 1859 durch die Köln-Mindener Eisenbahn-Gesellschaft eingeweiht. Sie war die erste feste Rheinüberquerung zwischen Basel und den Niederlanden (daher wurde sie auch als feste Brücke bezeichnet) und für ihre Zeit eine technische Meisterleistung. Das rund 400 Meter lange und ca. 17 Meter breite Bauwerk war eine kombinierte Straßen- und Eisenbahnbrücke; die zweigleisige Streckenführung befand sich auf der Nordseite. Wie auf der Ansicht von 1908 gut erkennbar, bestand die Brücke aus vier Öffnungen, ihre Eisenkonstruktion aus vier Gitterträgern. Filigran und im Renaissancestil gestaltet waren die beiden Brückenportale und die Brückentürme aus grauem Sandstein. Im Vordergrund ist die Anfang des Jahres 1904 in Betrieb genommene Vorortbahn Köln–Königsforst zu sehen; sie begann am Fuße des Kölner Doms, dessen Türme erst seit 1889 vollendet waren.

## Hohenzollernbrücke

Bereits um 1900 hatte der Zugverkehr um Köln so stark zugenommen, dass die Dombrücke ihrer Funktion nicht mehr gerecht wurde und ein Neubau erforderlich war. Die im Juni 1907 begonnenen Bauarbeiten parallel der bisherigen Querung dauerten vier Jahre; am 22. Mai 1911 wurde sie in Anwesenheit von Kaiser Wilhelm II. eingeweiht und auf den Namen Hohenzollernbrücke getauft. Die neue Brücke mit ihren drei Eisenfachwerkbögen bestand aus vier Gleisen und einer Straßenfahrbahn, über die auch die Straßenbahn verkehrte. Von burgähnlichem Charakter waren die beiden Brückenportale mit massiven Türmen im neoromanischen Stil. Gerade in Domnähe, Hauptsehenswürdigkeit der damals rund 380.000 Einwohner großen Stadt, wurde auf eine dekorative Brückenarchitektur großen Wert gelegt. Zur Ausschmückung gehörten auch vier (noch heute vorhandene) Reiterstandbilder: Dargestellt sind auf rechtsrheinischer Seite der preußische König Friedrich Wilhelm IV. (unter dem die Dombrücke entstand) und sein Sohn Kaiser Wilhelm I. (beide waren bereits Teil der ersten Brücke); auf linksrheinischer Seite (Altstadt) stehen dessen Sohn Kaiser Friedrich III. und sein Enkel

Dombrücke Köln, Ansichtskarte von 1900.

Hohenzollernbrücke mit Portal, Altstadtseite (1912).

Kaiser Wilhelm II., unter dem der Neubau eingeweiht worden war.
Während des Zweiten Weltkrieges war Köln mehrfach Ziel schwerer alliierter Luftangriffe, doch die Rheinbrücke blieb intakt, sicher aus Eigennutz, aber auch mit Rücksicht auf den Dom. Erst am 6. März 1945 unternahmen Pioniere der Wehrmacht einen Sprengversuch, bei dem die Brückenpfeiler beschädigt wurden und die Überbauten einbrachen. Die provisorisch instandgesetzte Brücke wurde am 8. Mai 1948 und damit genau drei Jahre nach Kriegsende in Dienst gestellt. Der Neubau, der nun nur noch dem Eisenbahnverkehr sowie dem Radfahrer- und Fußgängerverkehr diente, wurde 1959 eröffnet. Aus heutiger Sicht unverständlich: Im Zusammenhang mit diesen Baumaßnahmen wurden im Jahr zuvor die unbeschädigten Portalbauten und Brückentürme abgerissen! Abgesehen von diesem Verlust gleicht die Brücke auf der Schwarzweiß-Ansicht von 1960 dem Vorbild von 1911. Im Jahr 1989 wurde auf der Nordseite eine neue dreiteilige Brücke mit zwei zusätzlichen Gleisen eingeweiht, die vor allem von den S-Bahnen genutzt werden. Die heutige Brücke ist rund 410 Meter lang und 30 Meter breit, die Stützweiten sind unterschiedlich lang: 119 Meter (Domseite), 168 Meter (Flussmitte) und 123 Meter (Ostseite). Die Fachwerkbogenkonstruktion erfüllt seit etlichen Jahren noch eine weitere Funktion: sie beheimatet mehr als 500.000 »Liebesschlösser«. Im Oktober 2022 ehrte das Bundesfinanzministerium das geschichtsträchtige Bauwerk mit der Herausgabe einer 70-Cent-Sonderbriefmarke, die die Brücke in illuminiertem Zustand (2015) und in zerstörtem Zustand (1947) zeigt.

Linke Seite: Blick auf
Hohenzollernbrücke mit Dom (1920).

Oben: Rekonstruierte
Hohenzollernbrücke (1962).

Zerstörte Hohenzollernbrücke
(März 1945)

Hohenzollernbrücke mit Standbild Kaiser Wilhelm I., Ostseite (rechtsrheinisch), südliche Rampe (2026).

Hohenzollernbrücke, Altstadtseite, nördliche Rampe, mit Standbild Kaiser Friedrich III. (2026).

ICE auf dem Weg nach Frankfurt/M. HBF überquert Hohenzollernbrücke, Geländer (Südseite) mit Liebesschlössern (2026).

70-Cent-Sonderbriefmarke Dom und Hohenzollernbrücke, 2022.

Standbild Kaiser Wilhelm II., Altstadtseite, südliche Rampe (2026).

Müngstener Brücke (Kaiser-Wilhelm-Brücke), 1905.

# MÜNGSTENER BRÜCKE

Zahlreiche Brücken beeindrucken mit ihrer eleganten oder massiven Erscheinung, mit ihrem Alter, ihrer Länge oder auch mit Anekdoten, die sich um sie ranken. Nachdem die Göltzschtalbrücke gewiss einen Höhepunkt der Eisenbahn- und Baugeschichte darstellt, zählt auch das hier abgebildete Viadukt zu ihren Meilensteinen; bis heute ist sie eine Meisterleistung der Ingenieurskunst: die Müngstener Brücke zwischen Remscheid und Solingen. Die beiden Industriestädte liegen Luftlinie lediglich acht Kilometer voneinander entfernt, doch der Schienenweg betrug bislang 42 Kilometer; eine Brücke über das unwegsame, tief eingeschnittene Tal der Wupper sollte diesen Zustand ändern. Vorgesehen war die damals gewagte Überquerung für den Transport von Gütern, nicht für Personen. Benannt ist die Brücke nach der Siedlung Müngsten, die es jedoch seit Mitte der 1960er Jahre nicht mehr gibt. Vorbild der gigantischen Stahlfachwerkbrücke waren Brückenbauten in Frankreich, Portugal und Italien, konkret aber der 1889 vollendete Eiffelturm in Paris.

Nach einem Wettbewerb der Eisenbahndirektion Elberfeld begannen die kostenintensiven Bauarbeiten im Februar 1894, ausgeführt durch die Maschinenfabrik Augsburg Nürnberg (MAN) AG,

Stahlpfeiler (2025)

Berg. Land
Kaiser Wilhelm-Brücke
Höhe 107 m, Länge 500 m

Werk Gustavsburg. Rund drei Jahre später war das zweigleisige Viadukt fertig gestellt, Mitte Juli 1897 wurde es feierlich eröffnet. Die Qualität des hochwertigen Stahls aus dem Ruhrgebiet war bereits damals mit heutigem Baustahl vergleichbar. Eine besondere Herausforderung war der freie Vorbau, d.h. die beiden Seiten des Bogens wuchsen ohne Gerüst aufeinander zu. Ein Weltwunder war zu bestaunen. Beachtlich war die Länge der Brücke mit 465 Metern. Bei Einweihung einmalig war jedoch die mittlere Spannweite des Bogens über dem Tal; mit 170 Metern war sie die Brücke mit der längsten Stützweite in Deutschland (diesen Rekord hält heute die Talbrücke Froschgrundsee auf der Neubaustrecke Nürnberg–Erfurt mit einer Stützweite von 270 Metern). Bis heute geblieben ist dieser Superlativ: Mit einer Höhe von 107 Metern ist die Müngstener Brücke nach wie vor Deutschlands höchste Eisenbahnbrücke. Rund 5000 Tonnen Stahl mit unglaublichen 950.000 Nieten wurden verbaut.

Bei Einweihung des nun landschaftsprägenden Viadukts wurde es nach Kaiser Wilhelm I. benannt, anlässlich seines 100. Geburtstages am 22. März 1897. An diesem Tag fand das Richtfest statt, dabei soll ein vergoldeter Niet eingeschlagen worden sein (der bis heute jedoch nicht gefunden wurde). Sein Enkel, Kaiser Wilhelm II., besuchte das Bauwerk erst Mitte August 1899, der Einweihung soll er ferngeblieben sein, weil die Brücke nicht ihm gewidmet war. An diesen Besuch erinnert ein Gedenkstein am Fuße des imposanten Bauwerkes. Eine weitere Gedenktafel gilt den Bauarbeitern und Anton Rieppel (1852–1926), dem Konstrukteur des Bauwerkes. Die Eisenbahn brachte der Region zur Jahrhundertwende einen ungeahnten Aufschwung, die am Bau beteiligten Großkonzerne verdienten genau so gut wie zahlreiche einheimische Handwerksbetriebe. Die spektakuläre Brücke selbst

Müngstener Brücke bei Abendstimmung, 1906.

Müngstener Brücke mit Infotafeln im Brückenpark (2025).

Gedenkstein mit Informationen zum Bau (2025)

Gedenkstein an den Besuch Kaiser Wilhelms vom 12. August 1899 (2025).

wurde zu einem unverwechselbaren Symbol des Bergischen Landes. Ein Wunder ist ferner, dass sie vom Nerobefehl 1945 verschont blieb. Im Laufe der Jahrzehnte wurde die Konstruktion mehrfach instandgesetzt, mehrmals war sie gesperrt, der Weiterbetrieb schien unsicher, doch bis heute verkehrt über das Müngstener Viadukt die S 7 der Rhein-Ruhr-Bahn zwischen Wuppertal und Solingen. Schon seit ihrem Bestehen ist die Brücke ein beliebtes Ausflugsziel, nach den im Jahr 2021 abgeschlossenen umfassenden Sanierungsarbeiten werden sogar Führungen über den Brückenbogen angeboten. Für einen Besuch bietet sich der Haltepunkt Solingen-Schaberg an (das noch heute bestehende formschöne Empfangsgebäude entstand zeitgleich zur Brücke); von dort sind es rund 1000 Meter durch den Wald bis ins Tal. Anlässlich des 100. Geburtstages der Brücke brachte die Deutsche Post 1997 eine 100-Pfennig-Sonderbriefmarke heraus.

100-Pf.-Sonderbriefmarke, Deutsche Post, 1997.

Infotafel im Brückenpark zur Erinnerung an die Sanierungsarbeiten 2013-2021 (2025).

KAPITEL 2

# RHEINBRÜCKEN STROMABWÄRTS

Eisenbahnbrücke Waldshut/Baden–Koblenz/Schweiz (1920).

## WALDSHUT

Diese Ansicht (um 1930) zeigt eine Rarität: die einzige original erhaltene Eisenbahnbrücke über den Rhein. Errichtet wurde die Gitterträgerbrücke als Gemeinschaftsprojekt der Großherzoglich Badischen Staatseisenbahnen und der Schweizerischen Nordostbahn, ihre Inbetriebnahme fand im August 1859 statt. Über das 190 Meter lange eingleisige Bauwerk verkehrte die erste Bahnverbindung zwischen der Schweiz und Baden, die 27 Kilometer lange Strecke Turgi–Koblenz/Schweiz–Waldshut. Die Weite zwischen den beiden hier sichtbaren Flusspfeilern liegt bei 55 Meter, die Stützweiten der Randfelder betragen je 37 Meter. Auf Schweizer Seite (rechts) geht die kastenförmige Konstruktion in ein gemauertes Viadukt über, das aus sechs halbkreisförmigen Gewölbebögen besteht. Ende April 1945 sollte auch diese Rheinbrücke gesprengt werden, doch zur Ausführung kam hier der Nerobefehl nicht mehr. Mehrfach ertüchtigt und saniert verläuft auch heute noch der grenzüberschreitende Bahnverkehr über diese besondere Brücke, deren Mitte die Staatsgrenze zwischen Deutschland und der Schweiz bildet.

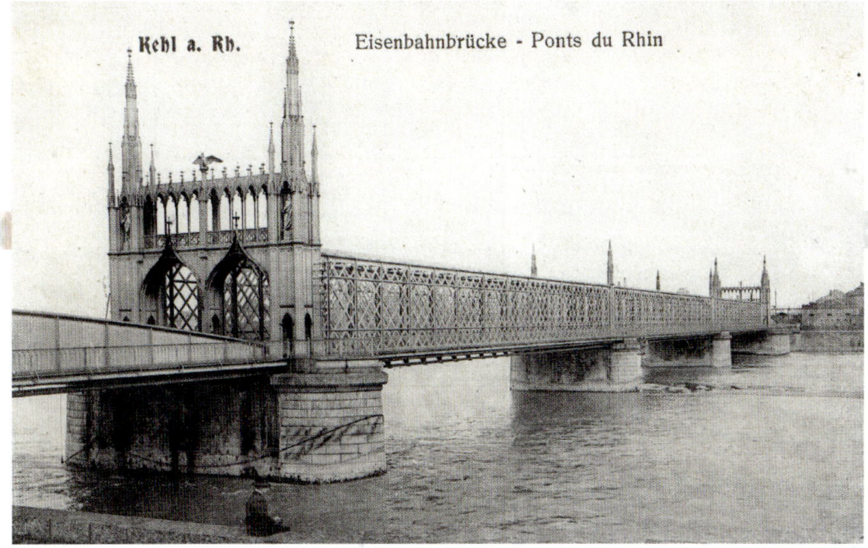


Eisenbahnbrücke
Kehl–Straßburg (1910).

## KEHL

Die Eisenbahnbrücke zwischen Kehl und Straßburg spiegelt deutsch-französische Geschichte wider. Der länderübergreifende Bau begann am 1. Oktober 1858; für die damalige Zeit ein Novum. Die Modalitäten waren zuvor in einem Staatsvertrag zwischen dem Französischen Kaiserreich und dem Großherzogtum Baden geregelt worden. Festgelegt waren die Kostenteilung und eine je 26 Meter lange Drehbrücke an beiden Enden, so dass im Kriegsfall die Strecke hätte unterbrochen werden können. Am Bau beteiligt waren deutsche sowie französische Arbeiter und Unternehmen. Das 235 Meter lange und im Mai 1861 eingeweihte Viadukt war die erste feste Eisenbahnbrücke über den Oberrhein (als zweite Querung dieses Rheinabschnitts folgte im Dezember 1862 die Südbrücke bei Mainz). In der Mitte des zweigleisigen Bauwerks befand sich eine 177 Meter lange, sechs Meter hohe und 122 Meter breite Gitterträgerkonstruktion, die aus drei Teilen bestand und auch über zwei breite Gehwege verfügte. Mit zwei filigranen, gusseisernen Doppelportalen im neogotischen Stil, flankiert von hohen Türmen, waren die Einfahrten repräsentativ gestaltet. Auch damals gab es schon »Kunst am Bau«: Auf deutscher Seite standen in den Turmnischen Eisengussfiguren, die den »Vater Rhein« und die »Mutter Kinzig« symbolisierten, auf französischer Seite waren die »Mutter Ill« und ebenfalls »Vater Rhein« dargestellt. Die Brücke in dieser Form bestand nur wenige Jahre, denn mit Ausbruch des Deutsch-Französischen Krieges (Juli 1870) wurde auf Straßburger Seite die Drehbrücke gesprengt. Mit dem Sieg Preußens und der mit ihm verbündeten Staaten und der Reichseinigung (Januar 1871) ging die Brücke in den Besitz des Deutschen Kaiserreiches über, sie diente nun dem Bahnverkehr aus dem rechtsrheinischen Gebiet in des nunmehrige Reichsland Elsass-Lothringen. Nach dem Ersten Weltkrieg und mit dem Versailler Vertrag ging die Brücke in französischen Staatsbesitz, sie bildete wieder eine Ländergrenze. Im Mai 1940 und damit acht Monate nach Beginn des Zweiten Weltkrieges sprengten französische Pioniere den auf ihrer Seite liegenden Strompfeiler, dabei wurden auch die Gitterträger beschädigt. Seit Ende Juni 1940 gehörte Straßburg zum von der Wehrmacht besetzten Frankreich, folglich setzten deutsche Pioniere die Brücke instand, ein Bahnverkehr war wieder möglich. Doch auch dieser Zustand währte nicht lange, denn nachdem die alliierten Streitkräfte im November 1944 Straßburg erreicht hatten, zerstörte ein deutsches Sprengkommando die Brücke vollständig. Mit der französischen Besatzung Südwestdeutschlands errichteten die Franzosen eine eingleisige Behelfsbrücke, die im August 1956 von einer pfostenlosen Strebefachwerkbrücke abgelöst wurde (wobei die historischen Widerlager wiederverwendet wurden). Eigentümer der Brücke sind die Bundesrepublik und Frankreich. Bereits 1992 beschlossen, entstand ein zweigleisiger Neubau mit nur noch einem Mittelpfeiler, der im Oktober 2010 eingeweiht wurde. Heute verkehren über diese Brücke die länderübergreifende Bahnstrecke Appenweier–Straßburg sowie die Hochgeschwindigkeitszüge des Fernverkehrs (Paris–Straßburg–Basel).

Eisenbahnbrücke zwischen Karlsruhe-Maxau und Wörth-Maximiliansau (linksrheinisch), 1938.

## KARLSRUHE-MAXAU

Auch die heutige Eisenbahnbrücke bei Karlsruhe, etwa 70 Kilometer nördlich von Kehl, hatte bereits mehrere Vorgängerbauten, die hier den Rhein zwischen der Pfalz und Baden überquerten. Im Jahr 1865 wurde eine Pontonbrücke in Betrieb genommen, die sowohl für den Straßen- als auch Zugverkehr geeignet war. Eine solche Konstruktion war bislang einmalig und sie wurde auf der Pariser Weltausstellung 1867 mit einer Goldmedaille prämiert. Die nach dem auf rechtsrheinischer Seite gelegenen Hofgut Maxau benannte Brücke verband nun Karlsruhe mit der seit 1864 bestehenden Pfälzischen Maximiliansbahn (Winden–Wörth). Diese Brücke funktionierte jahrzehntelang, doch ihr Betrieb war abhängig vom Wasserstand und Eisgang, auch war sie nicht sehr belastbar, den Verkehr auf der Brücke übernahmen leichte Lokomotiven, die dann am Ufer von schweren Maschinen abgelöst wurden. Eine feste Rheinüberquerung wurde erst im April 1938 eingeweiht; aus diesem Jahr stammt auch die Postkarte. Der moderne Stahlfachwerkbau stand auf einem Mittelpfeiler, der den Übergang in zwei Felder von 175 und 117 Metern Länge teilte. Das breite Bauwerk war als Straßen- und zweigleisige Eisenbahnbrücke konstruiert. Ende des Zweiten Weltkrieges wurde die Karlsruher Rheinbrücke lange verteidigt, um möglichst vielen Wehrmachtsangehörigen den Weg nach Osten zu gewähren, bis sie dann doch am 21. März 1945 und damit unmittelbar vor dem Eintreffen der US-Amerikaner ein Opfer des Nerobefehls wurde. Eine Behelfsbrücke, die den linksrheinischen mit dem rechtsrheinischen Teil der französischen Besatzungszone verband, wurde im Mai 1947 eröffnet, damit war auch ein erster Eisenbahnbetrieb möglich. Nachdem 1966 nördlich dieses Baus die Straßenbrücke Maxau eingeweiht worden war, fand hier nur noch Personen- und Güterverkehr statt, bis ein Neubau auch dieses Provisorium ersetzte: Das erste Gleis der 292 Meter langen Stahlfachwerkbrücke wurde 1991, das zweite neun Jahre später eingeweiht; der Bau ähnelt sehr der Konstruktion von 1938.

Eisenbahnbrücke bei Germersheim (linksrheinisch), 1934.

## GERMERSHEIM

Etwa 30 Kilometer weiter stromabwärts von Karlsruhe-Maxau: Die ursprüngliche Eisenbahnbrücke bei Germersheim, im Mai 1877 in Betrieb genommen, war zweigleisig und eine dreiteilige Gitterbogenbrücke mit einer Gesamtlänge von 302 Metern. Sie verband die Städte Germersheim/Königreich Bayern und Bruchsal/Großherzogtum Baden. Unmittelbar vor dem Eintreffen der US-Amerikaner legte ein Sprengkommando der Wehrmacht den Bahnverkehr lahm; es war die letzte aller Rheinbrücken, die am 24. März 1945 gesprengt wurde. Nachdem viele Jahre an dieser Stelle eine Fähre im Einsatz war, wurde die heutige Rheinquerung, eine Spannbetonbrücke mit Fachwerkträgern, erst im Oktober 1967 dem Verkehr übergeben. Die Rudolf-von-Habsburg-Brücke, eine nördlich gelegene Straßenbrücke, wurde drei Jahre später eingeweiht. 1994 wurde das südliche Gleis stillgelegt, 2011 fand die Elektrifizierung der Brücke statt, über die heute nur noch der Regionalverkehr des Rhein-Neckar-Verkehrsverbundes läuft.

Eisenbahnbrücke bei Speyer mit Dom, 1939.

## SPEYER

Nur zwölf Kilometer Luftlinie Richtung Norden: In Folge eines badisch-bayerischen Staatsvertrages vom November 1871 entstand die 28 Kilometer lange und ab Juli 1873 in Etappen eröffnete Bahnstrecke Heidelberg–Speyer. Ab Schwetzingen bestand eine Schiffsbrücke über den hier rund 300 Meter langen Rhein, die bereits seit 1865 für den Straßenverkehr im Einsatz war. Beim Überqueren der Eisenbahn war der Straßenverkehr nicht möglich. Das für den Schiffsverkehr hinderliche Bauwerk wurde im Januar 1938 durch eine feste Strebenfachwerkkonstruktion aus Stahl mit unten liegender Fahrbahn und einem Flusspfeiler ersetzt. Die gesamte Brücke war eingleisig, mit den Vollwandträgerkonstruktionen auf links- und rechtsrheinischer Seite war sie 563 Meter lang und 13 Meter breit. Am 23. März 1945, nur sieben Jahre nach ihrer Inbetriebnahme, wurde sie wie auch die anderen Rheinbrücken ein Opfer des Nerobefehls. Die heutige Salierbrücke, im November 1956 eingeweiht, dient nur noch dem Straßenverkehr, da die Bahnstrecke stillgelegt wurde. Rechts im Hintergrund der Ansicht ist der Dom zu Speyer zu sehen.

Rheinbrücke Ludwigshafen–Mannheim mit Portal auf linksrheinischer Seite (Ludwigshafen), 1910.

## MANNHEIM – LUDWIGSHAFEN

Nur wenige Brücken wurden im Laufe ihres Bestehens so stark verändert wie die Rheinbrücke, die 25 Kilometer weiter stromabwärts und damit bei Stromkilometer 424 Mannheim mit Ludwigshafen verbindet. Bei ihrer Eröffnung im Februar bzw. August 1867 für den Güter-, dann für den Personenverkehr war Mannheim die größte Stadt des Großherzogtums Baden, das zu Bayern gehörende Ludwigshafen hatte erst acht Jahre zuvor Stadtrecht erhalten und entwickelte sich um die 1865 gegründete BASF zur Industriestadt. Da in den Jahren der beginnenden Hochindustrialisierung die bisherige Eisenbahnfähre nicht mehr zeitgemäß war, entstand eine kombinierte Straßen- und Eisenbahnbrücke. Die 270 Meter lange Doppelbrücke bestand im Süden aus zwei Gleisen, der nördliche Teil enthielt die Fahrbahnen für Fuhrwerke und Kutschen. Zwischen den beiden sehr dekorativen Portalbauten befanden sich die zehn Meter hohen schmiedeeisernen Gitterträgerkonstruktionen. Die repräsentativen Toreinfahrten enthielten die Jahreszahlen der Grundsteinlegung und der Einweihung sowie die Namen der Bauherren, auf östlicher Seite (Mannheim) galt die Inschrift dem badischen Großherzog Friedrich, auf westlicher Seite (Ludwigshafen) dem bayerischen König Ludwig II. Der Figurenschmuck stellt zum einen Minerva als Schutzherrin des Gewerbes und der Handwerker dar (rechtsrheinisch), zum anderen sind Germania und Palatina, Personifikationen Deutschlands und der Pfalz, dargestellt. Der erste gravierende Umbau erfolgte 1931/32: Die bisherige Brücke wurde nun ganz dem Straßenverkehr gewidmet (seit 1902 betrieben Mannheim und Ludwigshafen gemeinsam eine Straßenbahn), südlich der bisherigen Gleise entstand eine neue Überquerung aus Stahlfachwerk nur für den Eisenbahnverkehr. Auch hier galt: Sprengung (20. März 1945), Behelfsbrücke, Neubau (1955) unter Verwendung eines 65 Meter langen Teilstücks von 1932, das noch intakt war. Der letzte Ausbau der seit 1967 nach dem ersten Bundeskanzler Konrad Adenauer benannten Brücke fand Ende des 20. Jahrhunderts statt: Für den S-Bahn-Verkehr entstand parallel eine weitere zweigleisige Eisenbahnbrücke als dreifeldrige Bogenbrücke. Über diese insgesamt vier Gleise verläuft der gesamte Regionalverkehr der Rhein-Neckar-Region sowie der internationale Fernverkehr wie Frankfurt–Mannheim–Saarbrücken–Paris und Köln–Mainz–Mannheim–Basel. Die nächsten Eisenbahnbrücken über den Rhein befinden sich 35 Kilometer südlich bei Germersheim bzw. 25 Kilometer stromabwärts bei Worms.

Rheinrücke Mannheim–Ludwigshafen mit Portal auf rechtsrheinischer Seite (Mannheim), im Hintergrund Ludwigshafen, 1925.

Rheinbrücke Mannheim–Ludwigshafen mit neuer Stahlfachwerkbrücke (Südseite ) für den Eisenbahnverkehr, 1935.

Eisenbahnbrücke bei Worms, Postkarte von 1912.

## WORMS

Weitere 20 Kilometer von Ludwigshafen und Mannheim Richtung Norden: Im November 1900 in Anwesenheit des Großherzogs Ernst Ludwig von Hessen-Darmstadt eröffnet, löste die Eisenbahnbrücke bei Worms die seit 1870 bestehende Eisenbahnfähre (Trajekt) ab. Erster Betreiber der Strecke war die Hessische-Ludwigs-Eisenbahngesellschaft. Die von zwei massiven Tortürmen eingerahmte formschöne zweigleisige Brücke bestand aus drei eisernen Bogenfachwerkträgern. Errichtet wurde sie von der Duisburger Aktiengesellschaft für Eisenindustrie und Brückenbau vormals Johann Caspar Harkort. Die Länge über dem Rhein betrug rund 330 Meter, insgesamt, mit den Vorlandbrücken war sie fast 1000 Meter lang. Nach einem Provisorium (1948) wurde 1959 die heutige elektrifizierte Brücke in vereinfachter Form in Betrieb genommen. Sie verbindet die linksrheinische Stadt mit Biblis (Anschluss an die Riedbahn Frankfurt–Mannheim) und Bensheim (Anschluss an die Main-Neckar-Bahn Frankfurt–Heidelberg) auf der anderen Rheinseite. Bei Sperrung der linksrheinischen Verbindung Mainz–Worms dient sie dem Bahnverkehr als Ausweichstrecke über Mainz–Gustavsburg–Groß-Gerau–Biblis nach Worms.

Südbrücke Mainz, Postkarte von 1910.

Rechte Seite: Südbrücke Mainz mit Rheingoldexpress auf dem Weg nach Frankfurt/M., 1960.

# MAINZ (SÜDBRÜCKE)

In Mainz, 42 Kilometer Luftlinie von Worms entfernt und wichtigster Verkehrsknoten des Bundeslandes Rheinland-Pfalz, befinden sich zwei Eisenbahnbrücken, die den Rhein überqueren und damit heute zwei Bundesländer verbinden. Die zweigleisige Südbrücke, im Dezember 1862 eröffnet, zählt zu den ältesten Rheinbrücken überhaupt. Bei ihrer Errichtung gehörten Mainz und das rechtsrheinisch gelegene Gustavsburg zum Großherzogtum Hessen. Von nun an waren über die Rhein-Main-Bahn durchgehende Verbindungen in die damalige Landeshauptstadt Darmstadt (und weiter nach Aschaffenburg) sowie über die Mainbahn nach Frankfurt/M. möglich. Das zunächst eingleisige Bauwerk hatte eine Gesamtlänge von etwas über 1000 Metern, davon betrug die Querung über den Rhein rund 420 Meter, bestehend aus vier je 105 Meter langen Brückenfeldern. Passend zum Dom und weiteren stadtbildprägenden Gebäuden der alten Bischofsstadt enthielten die beiden Enden dekorative Brückenportale und mächtige Türme aus rotem Sandstein. Aufgrund des gestiegenen Verkehrsaufkommens wurde die Brücke 1910/12 umgebaut und verstärkt, dabei wurden die bisherigen Pauliträger durch stählerne Halbparabelfachwerkbalken ersetzt, die Vorlandbrücken mit Fachwerkträgern ausgestattet und die Portale zwischen den Türmen abgerissen. Diese Karte aus dem frühen 20. Jahrhundert zeigt also den Zustand vor den Baumaßnahmen. Am 17. März 1945 gesprengt, erfolgte (nach einem Provisorium) der Wiederaufbau der heutigen, 840 Meter langen (und inzwischen umfangreich sanierten) Brücke 1948/49, dabei blieben die Türme auf der Westseite (Rheinland-Pfalz) erhalten, auf hessischer Seite wurden sie abgetragen.

# KAISERBRÜCKE MAINZ

Nördlich der Altstadt und des Hafens verbindet die zweigleisige Kaiserbrücke Mainz mit Wiesbaden. Den Rhein überspannen hier drei unterschiedlich lange Stahlbögen auf einer Länge von rund 320 Metern. Bei ihrer Errichtung sollte die insgesamt 890 Meter lange, elf Meter hohe und neun Meter breite Brücke den Hauptbahnhof und den Mainzer Tunnel entlasten. Die neue Strecke der Mainzer Umgehungsbahn verband die hessische Provinzhauptstadt mit den nördlich des Main gelegenen Gemeinden und hatte Anschluss an die seit 1840 bestehende Taunusbahn (Wiesbaden-Kastel–Höchst). Wie oftmals beim damaligen Bau von Bahnanlagen, Tunnel und Eisenbahnbrücken üblich, hatten sich auch in Mainz italienische Bauarbeiter beteiligt, unter ihnen befand sich nachweislich Benito Mussolini, der spätere »Duce«. Ihren Namen erhielt die Brücke kurz nach ihrer Einweihung am 1. Mai 1904, bei der Kaiser Wilhelm II., der hessische Großherzog Ernst Ludwig und Reichskanzler Bernhard von Bülow anwesend waren. Die Eröffnung glich einem Staatsakt. Auf die Gestaltung der neoromanischen Brückenarchitektur (mit zahlreichen Ornamenten) wurde hier noch mehr Wert gelegt als 40 Jahre zuvor bei der Südbrücke. Der mächtige Turm auf der Westseite erfüllte nicht nur eine militärische Funktion, er enthielt auch ein Stellwerk für Signale und Weichen. Das auch Nordbrücke genannte Viadukt wurde ebenfalls im März 1945 zerstört, die Vollendung seines Wiederaufbaus mit schmucklosen Fachwerkträgern als Überbau erfolgte erst zehn Jahre später in stark reduzierter Form; die beschädigten Brückentürme wurden nicht instandgesetzt, sondern beseitigt. Wie auch bei der Südbrücke gehört ein vielbenutzter Rad- und Fußgängerweg zur Kaiserbrücke.

Kaiserbrücke (Nordbrücke) zwischen Mainz und Wiesbaden, Postkarte von 1910.

Mainz. Kaiserbrücke

Blick auf die Hindenburgbrücke, links Germania und Rüdesheim (rechtsrheinisch), 1930.

Hindenburgbrücke zwischen Bingen–Rüdesheim, 1935

## BINGEN–RÜDESHEIM (HINDENBURGBRÜCKE)

Etwa 25 Flusskilometer weiter, am Eingang des idyllischen Mittelrheintals gelegen: Die zweigleisige Hindenburgbrücke zwischen Bingen–Kempten und Rüdesheim, war aus militärstrategischen Gründen errichtet und nach zweijähriger Bauzeit im August 1915 eröffnet worden. Während des Ersten Weltkrieges diente sie über die Nahetalbahn (Bingen–Saarbrücken) und Glantalbahn (Bingen–Homburg/Saar) dem Nachschub deutscher Truppen an die Westfront. Im Juni 1918 wurde sie durch Kaiser Wilhelm II. nach Generalfeldmarschall Paul von Hindenburg, dem späteren Reichspräsidenten, benannt. Die aus Eisen und Stahl gefertigte Bogenfachwerkbrücke war 1175 Meter lang und zwölf Meter breit, sie ruhte auf sechs Flusspfeilern. Bei ihrer Eröffnung war sie die zweitlängste Rheinbrücke (nach der 1874 vollendeten Eisenbahnbrücke bei Wesel). Mit der Besetzung des linksrheinischen Deutschlands durch französische Truppen ab Ende 1918 wurde die Brücke beschlagnahmt und umgebaut, so dass auch Kraftwagen und Fuhrwerke übersetzen konnten. Nach dem Ende der Besatzung (Juli 1930) nahm die Deutsche Reichsbahn die Brücke für den Personenverkehr in Betrieb und schloss sie für den Straßenverkehr. Ab 1942 war sie mehrfach Ziel alliierter Luftangriffe, doch erst die Pioniere der Wehrmacht beseitigten am 15. März 1945 auch dieses architektonisch aufwendige Bauwerk. Bis Anfang der 1950er Jahre wurde der Wiederaufbau der Brücke diskutiert, aber mit Inbetriebnahme der Kaiserbrücke bei Mainz (1954) nahm die Bundesbahn von diesen Plänen Abschied. 1967 wurde ein Pfeiler gesprengt, da er die Rheinschifffahrt behinderte (drei Basaltpfeiler sind noch sichtbar). Die nicht beseitigten massiven Überreste der Brücke am östlichen Ortseingang von Rüdesheim und auf der gegenüberliegenden Seite bei Bingen bilden seit 2002 den östlichsten Punkt des UNESCO-Welterbes Oberes Mittelrheintal.

Nahebrücke bei Bingen, im Vordergrund Ruine Ehrenfels, Postkarte von 1930.

## BINGEN (NAHEBRÜCKE)

Die 185 Kilometer lange linksrheinische Verbindung von Mainz nach Köln gehört zu den schönsten Bahnstrecken Europas. Errichtet und im Dezember 1859 eröffnet wurde sie von zwei Gesellschaften: der Rheinischen Eisenbahn-Gesellschaft auf dem Abschnitt Köln–Bingerbrück und der Hessischen Ludwigsbahn auf der Strecke Mainz–Bingen. Zwischen dem Hessischen und dem Preußischen Bahnhof (heute Bahnhof Bingen (Rhein) Stadt und Bingen (Rhein) Hauptbahnhof, bis 1993 Bingerbrück) liegt die Nahemündung. Erst die Fertigstellung der zweigleisigen Nahebrücke schloss die Lücke von 1500 Metern und machte einen durchgehenden Bahnverkehr zwischen beiden Domstädten möglich. Das erste Viadukt war eine Rautenfachwerkbrücke, die bereits 1915 durch eine dreiteilige Bogenbrücke ersetzt wurde, wie auf der Postkarte von 1938 abgebildet. Infolge des Nerobefehls im März 1945 zerstört, wurde die Brücke provisorisch instandgesetzt, die heutige Konstruktion, eine Kastenbrücke, stammt aus dem Jahr 1966. Im Vordergrund der Ansicht (um 1930) sieht man auf rechtsrheinischer Seite die Überreste der um 1210 entstandenen Burg Ehrenfels, die im Pfälzischen Erbfolgekrieg (1689) durch Truppen des französischen Königs Ludwig XIV. zur Ruine wurde.

Rheinbrücke zwischen Koblenz und Pfaffendorf, Postkarte von 1914.

Eisenbahnbrücke zwischen Koblenz und Horchheim, um 1920.

## KOBLENZ-PFAFFENDORF

Etwa 70 Kilometer weiter stromabwärts: Diese Ansichtskarte wurde am 13. August 1914 und damit zu Beginn des Ersten Weltkrieges als Feldpostkarte abgestempelt, sie zeigt die Pfaffendorfer Eisenbahnbrücke, erste Eisenbahnbrücke über den Rhein bei Koblenz. Sie war 1864 vollendet worden für den Streckenbetrieb nach Niederlahnstein, wo Anschluss an die Nassauische Rheinbahn (Wiesbaden–Oberlahnstein) bestand. Mit der rund 290 Meter langen Brücke waren nun beide Rheinstrecken miteinander verbunden. Das aufwendig gestaltete Viadukt hatte drei schmiedeeiserne Bögen und an den Brückenenden jeweils zwei zehn Meter hohe Festungstürme aus rotem Sandstein. Mit der Verlängerung der rechten Rheinstrecke nach Deutz erhielt die Brücke einen Abzweig nach Ehrenbreitstein. 1933/34 wurde die Querung, die bislang als eine der schönsten Eisenbahnbrücken Deutschlands galt, zur Straßenbrücke umgebaut, dabei wurden die mächtigen Brückentürme beseitigt. Als Eisenbahnbrücke stand nun nur noch die südlich gelegene Horchheimer Brücke zur Verfügung.

## KOBLENZ-HORCHHEIM

Mitte Mai 1879 für die Strecke Wetzlar–Koblenz in Dienst gestellt, war die zweigleisige Brücke 312 Meter lang. Sie war ein Teilstück der in jenen Jahren in Etappen errichteten Kanonenbahn (Berlin–Metz). Ihre Fachwerkbogenbinderkonstruktion bestand aus zwei je 107 Meter langen Teilen über dem Rhein, am Übergang zu den Vorbrücken befanden sich, wie üblich für die Zeit, zwei eher schlanke Tortürme aus rotem Sandstein. Bis zur Jahrhundertwende verlief der meiste Bahnverkehr über dieses Viadukt. Bei einer Verstärkung 1901/02 erhielt die Brücke an beiden Seiten Fußgängerwege. Auch diese beiden Brücken wurden ein Opfer des Nerobefehls im März 1945. Nach einem Provisorium wurde die heutige Horchheimer Eisenbahnbrücke als Balkenbrücke 1961 eingeweiht; immerhin stammen die Brückenpfeiler von dem Vorgängerbau des Jahres 1879.

Eisenbahnbrücke über die Mosel bei Koblenz, Postkarte von 1936.

## KOBLENZ (MOSELBRÜCKE)

Bei Koblenz münden nicht nur die Mosel und die Lahn in den Rhein, hier treffen auch Bahnverbindungen aus verschiedenen Richtungen aufeinander, folglich existieren mehrere Brücken.
Auf der Ansicht von 1935 sieht man als erste Brücke hinter dem Deutschen Eck die Balduinbrücke, als letzte die erst ein Jahr zuvor errichtete Straßenbrücke, die damals Adolf-Hitler-Brücke hieß (heutige Europabrücke). Zwischen beiden verläuft die Moseleisenbahnbrücke, die die Koblenzer Altstadt mit dem Stadtteil Lützel verbindet. Errichtet wurde sie als erste Eisenbahnbrücke in Koblenz 1858 für die Strecke nach Köln. Die 270 Meter lange Überquerung bestand zunächst aus vier gemauerten Gewölbe-Jochen auf der Altstadt-Seite und aus sechs Gewölbe-Jochen auf Lützeler Seite. Zwei massive Türme flankierten die mittig gelegene Eisenkonstruktion. Wie auch bei anderen Brückenbauwerken am Rhein dienten sie der militärischen Sicherung. Dieser ursprüngliche Zustand wurde aufgrund des hohen Verkehrsaufkommens zu Beginn des 20. Jahrhunderts mehrfach verändert. So ersetzten im Jahr 1918 die hier sichtbaren Stahlfachwerkbögen die einfachen Gitterträger. In späteren Jahren wurde die Gewölbebrücke verstärkt und 1932 die Brücke viergleisig ausgebaut. Wie alle Brücken am Rhein wurde auch die Moseleisenbahnbrücke am Ende des Zweiten Weltkrieges gesprengt, nach einem Provisorium entstand 1974/75 die heutige Balkenbrücke. Die von der Sprengung verschont gebliebenen Brückentürme wurden nun erst beseitigt.

Gedenkstein zu Ehren der Opfer der Sprengung der Brücke vom 9. März 1945 auf den Urmitzer Rheinwiesen (2026).

Kronprinzenbrücke zwischen Engers (rechtsrheinisch) und Urmitz, 1938.

# URMITZ/ENGERS (KRONPRINZENBRÜCKE)

Im Gegensatz zu den ebenfalls im März 1945 zerstörten Eisenbahnbrücken bei Bingen (Hindenburgbrücke) und Remagen (Ludendorffbrücke) wurde die 15 Flusskilometer nordwestlich gelegene Überquerung zwischen dem linksrheinischen Urmitz und Engers auf rechtsrheinischer Seite nach dem Zweiten Weltkrieg wieder aufgebaut. Auch sie war als strategische Bahn errichtet worden und bei Fertigstellung 1916 auf den Namen Kronprinzenbrücke getauft, Namensgeber war Kronprinz Wilhelm von Preußen, ältester Sohn von Kaiser Wilhelm. Über die Brücke führt die im August eröffnete, nur 14 Kilometer lange zweigleisige Strecke von Koblenz nach Neuwied. Die Fachwerkbalkenbrücke mit jeweils zwei Brückentürmen an den Enden war insgesamt rund 580 Meter lang, neun Meter hoch und zwölf Meter breit. Über der Strommitte befand sich der 188 Meter lange Zweigelenkbogen, damit glich die Kronprinzenbrücke der Hindenburgbrücke (stromaufwärts) und der Ludendorffbrücke (stromabwärts), die zeitgleich entstandenen. Am 9. März 1945 sprengten Wehrmachtspioniere die Brücke, obwohl sich zurückziehende Soldaten, Pferde und Fahrzeuge auf ihr befunden hatten; es soll mehrere Hunderte Tote gegeben haben. 1947 entstand ein zunächst eingleisiges Provisorium, das 1954 von einem Neubau abgelöst wurde, der jedoch zwei Jahre später durch einen Brand stark beschädigt wurde. Die zweigleisige Gitterträgerbalkenbrücke in ihrer heutigen Form wurde 1962 eingeweiht. Im Original erhalten haben sich die Brückenpfeiler und die Brückentürme.

Ludendorffbrücke bei Remagen, Blick auf das Siebengebirge, 1936.

## REMAGEN (LUDENDORFFBRÜCKE)

Weitere 30 Kilometer stromabwärts: Kaum eine andere deutsche Brücke ist so sagenumwoben und international bekannt wie die »Brücke von Remagen«. Sie wurde Mitte August 1918 und damit wenige Wochen vor Ende des Ersten Weltkrieges aus militärischen Gründen als Verbindung zwischen der rechten Rheinstrecke und der Ahrtal- bzw. der Eifelbahn eröffnet, die Strecke selbst war erst ab Mitte 1919 befahrbar. Bereits im April 1918 hatte Kaiser Wilhelm II. die Benennung nach General Erich Ludendorff angeordnet.

Das insgesamt annähernd 400 Meter lange und bis zu 29 Meter hohe Bauwerk aus Stahl bestand aus einer mittig gelegenen und 156 Meter langen Bogenkonstruktion, die von parallelgurtigen Fachwerkträgern eingerahmt war, deren Spannweite wiederum je 85 Meter betrug. An beiden Seiten befanden sich Fußgängerwege. Beide Widerlager waren mit massiven (noch heute vorhandenen) Brückentürmen (mit Schießscharten) bebaut, die auch als Truppenunterkünfte und Vorratslager dienten. Nach dem Abzug des französischen Militärs (Juni 1930) verkehrten hier am Wochenende und an Feiertagen Züge zwischen dem linksrheinischen Ahrweiler und Unkel auf der anderen Rheinseite, ansonsten hatte diese imposante Flussquerung, die der Kronprinzenbrücke (bei Urmitz/Neuwied) und der Hindenburgbrücke (bei Bingen/Rüdesheim) ähnelte, für den Personenverkehr kaum eine Bedeutung. Bereits mit Kriegsbeginn (September 1939) wurde die Brücke mit Sprengstoff ausgerüstet, dieser jedoch nach der Besetzung Nordfrankreichs durch die Wehrmacht wieder entfernt. Zur Jahres-

Die mit Bohlen ausgelegte Ludendorffbrücke, Mitte März 1945.

Linke Seite: Eingestürzte Ludendorffbrücke (März 1945).

wende 1944/45 mehrfach bei alliierten Luftangriffen getroffen, blieb sie dennoch funktionstüchtig. Anlass der beabsichtigten, aber nicht erfolgten Sprengung durch deutsche Pioniere war die bevorstehende Einnahme der Brücke durch Angehörige der 9. US-Panzerdivision am Mittag des 7. März. Bis zum 17. März konnten sogar 18 alliierte Regimenter, also rund 30.000 Soldaten übersetzen. In diesen Tagen tobte ein erbitterter Kampf um die Brücke. Am 13./14. März 1945 wurden auf Befehl Hitlers vier deutsche Offiziere wegen »Feigheit« und »Dienstpflichtverletzung« standrechtlich erschossen. Am 17. März schließlich stürzte die Brücke aufgrund ihrer Beschädigungen und der Belastungen ein; dabei starben 32 US-amerikanische Soldaten, weitere wurden schwer verletzt. Nur die beiden (erst 1976 abgetragenen) Strompfeiler und die Brückentürme widerstanden der Zerstörung. Aus Kostengründen entschied sich die Deutsche Bundesbahn in den 1960er Jahren gegen eine Rekonstruktion des Rheinübergangs. Dagegen blieben die Brückentürme erhalten. Das doppeltürmige Bauwerk auf linksrheinischer Seite beherbergt seit 1980 ein Museum zur Geschichte der Brücke. Einer breiten Öffentlichkeit wurden die Brücke und ihr besonderes Schicksal durch den US-amerikanischen Kriegsfilm »Die Brücke von Remagen« (1969) bekannt.

Eine weitere Ansicht (um 1930) der bereits eingangs beschriebenen Hohenzollernbrücke (1911) mit Dom.

Rheinbrücke zwischen Düsseldorf und Neuss, 1930.

## DÜSSELDORF

Bei genauem Hinsehen erkennt man auf der Karte von 1930 zwei Brücken: es sind die beiden Hammer Eisenbahnbrücken, die den Rhein zwischen Düsseldorf und Neuß überqueren. Im Hintergrund steht das nördliche, bereits im Juli 1870 als König-Wilhelm-Eisenbahn-Rheinbrücke eingeweihte Bauwerk, eine rund 820 Meter lange zweigleisige Konstruktion aus Halbparabelträgern und schlanken Brückentürmen, die im Kriegsfall der Brückenverteidigung dienen sollten. Die enorme Zunahme des Personen- und Güterverkehrs gegen Ende des 19. Jahrhunderts machte einen weiteren Brückenbau erforderlich. Diese entstand 30 Meter südlich und ist hier im Vordergrund sichtbar. Nach Indienststellung der neuen Brücke wurde die alte im Jahre 1912 ertüchtigt und mit baugleichen Überbauten modernisiert. Die Parallelbauten waren sich sehr ähnlich, nur hatte der Neubau an beiden Enden massivere Brückentürme. Auch diese beiden Viadukte wurden ein Opfer der sinnlosen Zerstörungswut der Nationalsozialisten, wobei die ältere Brücke bei der Sprengung nicht ganz so stark beschädigt wurde, so dass diese als Behelfsbrücke instandgesetzt wurde, während das südliche Bauwerk nicht rekonstruiert werden konnte. Doch auch die Tage der Brücke von 1870 waren gezählt; zugunsten einer 1987 eingeweihten, 1100 Meter langen Stahlbogenbrücke mit vier Gleisen und einer damals einzigartigen Bogenspannweite von 270 Metern wurde sie abgerissen. Erhalten haben sich allerdings die historischen Brückentürme.

Eisenbahnbrücke zwischen Rheinhausen und Duisburg, um 1930.

## DUISBURG

Diese Ansicht (um 1930) zeigt die 1927 erbaute zweigleisige Eisenbahnbrücke zwischen dem rechtsrheinischen Duisburg und der damals selbstständigen Stadt Rheinhausen (seit 1975 ein Bezirk von Duisburg). Das rund 900 Meter lange und über der Flussmitte 20 Meter hohe Bauwerk mit einem Stahlüberbau löste die bereits 1873 fertiggestellte erste Rheinbrücke der Rheinischen Eisenbahn-Gesellschaft ab. Ursprünglich hauptsächlich für den Kohletransport aus dem Ruhrgebiet errichtet, bediente sie bald auch den Personenverkehr auf der (heutigen) Strecke Duisburg–Mönchengladbach. Die hier abgebildete Brücke hatte zwei große Öffnungen von 126 und 189 Metern, an beiden Enden schlossen sich Vorlandbrücken an, die Nordseite verfügte über einen Fußgängerweg. Ende Mai 1944 bei einem alliierten Luftangriff getroffen und unbrauchbar gemacht, dann instandgesetzt, verursachte ein deutsches Sprengkommando Anfang März 1945 das Ende des noch nicht einmal 20 Jahre alten Bauwerks. Die US-Armee errichtete im Mai 1945 eine Behelfsbrücke (»Victory Bridge«) zur Überwindung des Rheins, die bis Herbst 1946 in Betrieb war. Die heutige Brücke, also die vierte Rheinüberquerung an dieser Stelle bei Duisburg, wurde im Oktober 1949 dem Verkehr übergeben. Konstruiert wurde sie etwa zur Hälfte aus geborgenen Materialien der gesprengten Brücke. Als Einzelbauwerk (ohne Funktion) erhalten hat sich zudem auf linksrheinischer Seite der alte, burgähnliche Brückenturm von 1873, der ursprünglich der Verteidigung dienen sollte.

# WESEL

Rund 40 Flusskilometer weiter nördlich: Auf der Rückseite dieser Ansicht schreibt ein junger Soldat seinen Eltern nach Berlin. Die Karte ist am 30. August 1915 in Wesel abgestempelt. Der Ort am Niederrhein war seit Ende des 17. Jahrhunderts eine preußische Festungsstadt. Militärische Gründe waren es auch, weshalb das hier abgebildete Bauwerk in diesen Ausmaßen entstand. Errichtet im Auftrag der Köln-Mindener Eisenbahn-Gesellschaft war diese eingleisige Eisenbahnbrücke Teil der 90 Kilometer langen und 1874 eröffneten Strecke Haltern–Venlo, die wiederum ein Teilstück der überregionalen Verbindung Hamburg–Paris darstellte. Die Gesamtlänge des Viadukts betrug 1950 Meter; damit war es die längste (und nördlichste) Rheinbrücke Deutschlands. Die außergewöhnlich langen Vorlandbrücken (je rund 770 Meter) waren aus gemauerten (und vor Ort gebrannten) Ziegelsteinen und verfügten an ihren Enden jeweils über einen für die Zeit typischen Befestigungsbau. Die eigentliche Stromüberquerung bei Rheinkilometer 815 bestand aus einer vierteiligen Stahlgitterbrücke mit einer Weite von je 104 Metern. Der Brückenbelag war mit Bohlen ausgelegt und so konstruiert, dass auch andere (militärische) Fahrzeuge den Fluss überfahren konnten. Die Dimensionen der Vorlandbrücken sind so gewaltig, weil, ebenfalls aus strategischen Gründen, auf einen (schlecht einsehbaren) Bahndamm verzichtet werden sollte. Bei der Weltausstellung 1873 in Wien erhielten die Pläne des ehrgeizigen Bauprojekts (mit den Skizzen der ebenfalls noch nicht fertiggestellten Hamburger Elbbrücken) eine Auszeichnung. Ab Mitte 1878 verlief über diese Brücke auch die Boxteler Bahn (Boxtel/Niederlande–Wesel), die gegen Ende des Jahrhunderts bis zum Ausbruch des Ersten Weltkrieges Teil der transnationalen Strecke London–Wesel–Berlin–St. Petersburg war (und zunächst vor allem von der internationalen Bahnpostlinie genutzt wurde). Doch spätestens mit der Besetzung des linksrheinischen Deutschlands nach dem Ersten Weltkrieg verlor die Strecke für den Personenverkehr an Bedeutung. Die Befestigungsanlagen wurden 1921 zurückgebaut, der Bahnverkehr zwischen Wesel und Venloe 1936 ganz eingestellt, nur der östliche Streckenabschnitt Richtung Ruhrgebiet blieb von Bedeutung. Die Flussbrücke wurde am 10. März 1945 von einem deutschen Sprengkommando zerstört, damit hatte das gigantische Bauwerk seine Funktion verloren, es wurde nicht mehr aufgebaut. Seitdem ist die 1912 eröffnete Haus-Knipp-Brücke bei Duisburg-Beeckerwerth die nördlichste Eisenbahnbrücke in Deutschland über den Rhein. Jahrelang behinderten die noch vorhandenen Strompfeiler die Schifffahrt, bis sie 1968 beseitigt wurden. Die Überreste der Weseler Vorlandbrücken dagegen stellen auch heute noch ein beeindruckendes Zeugnis der Industriearchitektur der 1870er Jahre dar.

Eisenbahnbrücke bei Wesel/Niederrhein mit Rheinwerft (rechtsrheinisch), Postkarte von 1915.

KAPITEL 3

# EISENBAHNBRÜCKEN VON A BIS W

## AACHEN

Dieser Abschnitt unserer Zeitreise beginnt mit einer Ansicht, die um 1850 entstand. Sie zeigt das Burtscheider Viadukt, das zwischen dem Aachener Hauptbahnhof und der damals eigenständigen Stadt Burtscheid, seit 1897 ein Stadtteil von Aachen, liegt und das Wurmtal überquert. Zwischen 1838 und 1840 im Auftrag der Rheinischen Eisenbahn-Gesellschaft errichtet, ist dieses einst 277 Meter lange Bauwerk mit ehemals 34 halbkreisförmigen Bögen die älteste große Eisenbahnbrücke Deutschlands. Gemauert aus Ziegelsteinen haben die Bögen unterschiedliche Weiten. Etwa in der Mitte (hier eingerahmt von zwei Schornsteinen) befindet sich ein 20 Meter breites Teil mit je vier Bögen von 3,50 Meter Lichtweite auf zwei Etagen (mit der lichten Weite ist der freie Abstand zwischen den Bögen gemeint). Die Eröffnung der Strecke von Köln nach Aachen und damit die Inbetriebnahme der zweigleisigen Brücke am 1. September 1841 glich einem Volksfest. Fortan galt dieses imposante Viadukt neben dem Dom (im Hintergrund zu sehen) mit dem Thron Karls des Großen als die Sehenswürdigkeit der Stadt. Längst ist diese idyllische Ansicht durch beidseitige Bebauung verschwunden, das bis zu 16 Meter hohe und heute 250 Meter lange Viadukt dagegen dient noch immer dem Eisenbahnverkehr, hierüber fahren sogar die Hochgeschwindigkeitszüge zwischen Frankfurt/Main und Brüssel bzw. zwischen Köln und Paris. Verändert hat sich allerdings das Äußere der Brückenkonstruktion. Nachdem im Oktober 1944 ein SS-Kommando eine Teilstrecke über der Kurbrunnenstraße gesprengt hatte und dieses in der Nachkriegszeit durch eine Stahlbrücke ersetzt wurde, folgten Mitte der 1960er Jahre Ausbauten aufgrund der Elektrifizierung und Ertüchtigungen wegen der erheblichen Belastungen zu Beginn des 21. Jahrhunderts. Doch nach wie vor stellen diese »Eisenbahnarkaden« bei Aachen ein besonderes Denkmal der Industriegeschichte dar.

Eisenbahnviadukt bei Aachen, Postkarte von 1903.

Eisenbahnbrücke bei Altenahr, Postkarte von 1904.

## ALTENAHR

Die malerische Ansicht auf der am 3. Juni 1904 abgestempelten Karte gehört längst der Vergangenheit an, nicht nur, weil die Ahrtalbahn während der Flutkatastrophe im Juli 2021 verschwand. Das Viadukt mit seinen drei Steinpfeilern und den untenliegenden Fischbauchträgern war Teil der ursprünglichen und eingleisigen Strecke von Remagen nach Ahrweiler (1880 eröffnet), die bis Ende 1886 nach Altenahr und bis Juli 1888 nach Adenau weitergeführt wurde und als Stichbahn der linksrheinischen Strecke (Köln–Koblenz) rund 40 Kilometer betrug. Mit dem zweigleisigen Ausbau der Strecke aus strategischen Gründen im Jahr 1910 wurde die Streckenführung teilweise verändert, vor allem der Verlauf zwischen den Bahnhöfen Mayschoss und Altenahr; damit hatten Bahndämme und auch dieses Viadukt ausgedient. Bereits das Ahr-Hochwasser im Juni 1910, bei dem 53 Menschen ums Leben kamen, hatte die Bahnanlagen beschädigt. Unter den Toten befanden sich zahlreiche italienische Bahnarbeiter, die bei dem Bau von weiteren Nebenstrecken eingesetzt waren. Während im Zweiten Weltkrieg alliierte Luftangriffe acht Eisenbahnbrücken zerstörten, waren es in der Nacht vom 14. auf den 15. Juli 2021 die Wassermassen, die Gleise unterspülten, Bahnhöfe ruinierten, Brücken wegrissen und insgesamt sieben Triebzüge fluteten und erheblich beschädigten. Acht Brücken und eine Strecke von 20 Kilometern waren unbrauchbar geworden. Bis Ende 2025 dauerten die umfangreichen Bauarbeiten an der Ahrtalstrecke, die das Hochwasser verschluckt hatte und die nun in neuem Glanz erstrahlt. Oberhalb der Brücke sind Überreste der um 1100 entstandenen Burg Are zu erkennen.

Altenbekener Viadukt, 1925

Aussichtsterrasse vor dem Viadukt (2025)

# ALTENBEKEN

Das Altenbekener Viadukt (Strecke Hamm–Warburg) überspannt in gebogener Form das Beketal. Es wurde im Juli 1853 in Betrieb genommen und gehört damit zu den ältesten Bauten der deutschen Eisenbahngeschichte. Bei der Einweihung meinte der preußische König Friedrich Wilhelm IV.: »Ich habe geglaubt, eine goldene Brücke vorzufinden, weil so schrecklich viele Taler verbraucht worden sind.« Mit Eröffnung der Strecken nach Hannover, Hamm, Herford, Kreiensen und Warburg entwickelte sich Altenbeken bei Paderborn zu einem bedeutenden Verkehrsknoten im Deutschen Reich; bereits 1892 hielt hier die erste durchgehende Fernverbindung von Köln nach Berlin. Entsprechend großzügig gestaltet waren das Empfangsgebäude (1864) und die noch heute beeindruckenden Bahnsteiganlagen. Im November 1944 wurden vier Pfeiler und mehrere Gewölbebögen durch einen alliierten Luftangriff zerstört, die vollständige Instandsetzung erfolgte 1950. Das 482 Meter lange und bis zu 35 Meter hohe Viadukt mit seinen 24 Bögen ist die längste Kalksteinbrücke Europas und ein besonderes Wahrzeichen des nur rund 9.000 Einwohner großen Ortes, der in seinem Wappen das Viadukt führt. Seit 2002 werden bei Dunkelheit 20 Bögen des imposanten Bauwerkes illuminiert, daher wird das Altenbekener Viadukt auch als »goldene Brücke« bezeichnet.

Viadukt bei Apolda/Thüringen, Ansichtskarte von 1905.

## APOLDA

Mit dem Eisenbahnviadukt in Apolda/Thüringen (Strecke Halle–Bebra) hat sich ein Originalbauwerk der frühen deutschen Eisenbahngeschichte erhalten. Die Kreisbogenbrücke aus Kalkstein wurde Mitte Dezember 1846 in Betrieb genommen; damit war die Strecke Weißenfels–Weimar durchgehend befahrbar. Im selben Jahr war auch der Bahnhof mit seinem ersten Empfangsgebäude eröffnet worden (1890 durch den heutigen Bau ersetzt). Da das Gelände aus sandigen und moorigen Schichten bestand, musste zur Stabilisierung des Untergrundes vor Baubeginn ein Pfahlrost mit mehr als 1300 Eschenholzpfählen errichtet werden. Die Brücke hat eine Höhe von 23 Metern und eine Länge von 95 Metern, wobei die Breite der mittig liegenden Bogenbrücke 8,70 Meter beträgt. Die beiden Seitenflügel enthalten je vier kreisförmige Gewölbe, angeordnet auf zwei Ebenen. Das zweigleisige, 1967 elektrifizierte Viadukt überführt den Herressener Bach und die Buttstädter Straße. Seit 1977 steht das historische Bauwerk unter Denkmalschutz.

Viadukt bei Arnsberg/Sauerland, 1920.

## ARNSBERG

Das 1868/69 errichtete Arnsberger Viadukt ist Teil der 138 Kilometer langen Oberen Ruhrtalbahn (Schwerte–Warburg). Der leicht gekrümmte Bau besteht aus sieben massiv gemauerten Bögen, die die Ruhr und die heutige B 229 überqueren. Die Ansicht (um 1920) zeigt die Brücke in idyllischer Landschaft, im Hintergrund ist das Haus Obereimer, einst ein Gutshof der Kurfürsten von Köln, zu erkennen. Längst ist die ehemals landwirtschaftlich genutzte Fläche bebaut, hier befindet sich heute das Stadtquartier Obereimer mit einer Wohnsiedlung und Gewerbebetrieben. Gegen Ende des Zweiten Weltkrieges war das Viadukt mehrfach Ziel alliierter Luftangriffe, da die Bahnlinie als Ausweichstrecke der Hauptlinien Hamm–Minden–Hannover–Berlin (mit dem Schildescher Viadukt bei Bielefeld) bzw. Hamm–Warburg–Kassel–Halle (mit dem Altenbekener Viadukt) diente. Erst bei dem verheerenden Angriff mit 1818 Bomben am 19. März 1945 wurde die Brücke so stark getroffen, dass sie unbrauchbar wurde. In eine Mondlandschaft hatte sich die Umgebung verwandelt, nach einem Bericht des US-Militärs sollen bei den Bombardierungen der Brücke 140 Menschen zu Tode gekommen sein. Nach einer provisorischen Instandsetzung im Sommer 1945 erfolgte der originalgetreue Wiederaufbau des 140 Meter langen Arnsberger Viadukts, das ab 1948 wieder befahrbar war.

Eisenbahnbrücke bei Assenheim/Hessen, 1955.

Viadukt bei Bad Gandersheim/Harz, 1913.

## ASSENHEIM

Die Aufnahme von 1955 zeigt die zweigleisige Niddabrücke bei Assenheim (Strecke Friedberg–Hanau), die bei Errichtung 1929 den ursprünglich 1881 in Betrieb genommenen Vorgängerbau ablöste. Die Eisenfachwerkkonstruktion ruht auf fünf Betonpfeilern und unterführt die 90 Kilometer lange Nidda, die bei Frankfurt in den Main mündet. Das Viadukt ist 23 Meter hoch und 300 Meter lang und damit die längste Eisenbahnbrücke Hessens, abgesehen von der 986 Meter langen Rombachtalbrücke der Schnellfahrstrecke Hannover–Würzburg und der 324 Meter langen Mainbrücke Eddersheim auf der Neubaustrecke Köln–Rhein/Main.

## BAD GANDERSHEIM

Die heutige Umgebung der Brücke wirkt längst nicht mehr so ansprechend wie auf der am 13. Mai 1913 abgestempelten Postkarte, auch ist sie längst stillgelegt. Errichtet wurde das Lammetal-Viadukt aus Natursteinquadern für die 1902 vollendete Lammetalbahn (Groß Düngen–Bad Gandersheim). 1994 wurden die Gleise auf dem 12 Kilometer langen Abschnitt von Bad Gandersheim bis Lamspringe abgebaut; der Weg und die dreibogige Brücke dienen seitdem als Rad- und Wanderweg.

Eisenbahnbrücke über die Saale bei Bad Kösen/Sachsen-Anhalt, 1910.

## BAD KÖSEN

So idyllisch wie auf dieser Ansichtskarte (um 1910) sieht es heute nicht mehr aus, doch auch die zweigleisige Eisenbahnbrücke bei Bad Kösen im schönen Burgenlandkreis/Sachsen-Anhalt gehört zu den frühen Bauten der Eisenbahngeschichte. Sie ist Teil der 210 Kilometer langen Strecke Halle–Bebra und damit liegt sie an der ehemaligen Hauptstrecke Berlin–Frankfurt/Main. Die Thüringer Bahn wurde bereits 1849 komplett in Dienst gestellt, seit 1967 ist sie vollständig elektrifiziert. Mit Eröffnung der Schnellfahrstrecken Halle/Leipzig–Erfurt und Erfurt–Nürnberg (2017) ist Bad Kösen vom Fernverkehr abgeschnitten, so dass über die steinerne Brücke mit ihren fünf Flusspfeilern nur noch der Regional- und Güterverkehr rollt. Bis heute befinden sich die Tonnengewölbe in einem guten Zustand, 2024/25 wurden allerdings die Fahrbahnwannen mit Stahlbeton erneuert, die Oberleitungsanlagen ausgetauscht und das alte Mauerwerk saniert und damit für die nächsten 100 Jahre ertüchtigt.

Weitere Eisenbahnbrücke bei Bad Kösen mit Rudelsburg, 1924.

## BAD KÖSEN MIT RUDELSBURG

Nur wenige Meter entfernt befindet sich eine weitere Eisenbahnbrücke bei Bad Kösen. Abgebildet ist das rund 100 Meter lange Steinbogenviadukt mit seinen drei Flusspfeilern, das hier die Saale überquert. Oberhalb der Strecke thront die um 1170 entstandenen Rudelsburg, die im Dreißigjährigen Krieg niedergebrannt wurde und jahrzehntelang in einem Dornröschenschlaf lag, bis sie zu Beginn des 19. Jahrhunderts im Zuge der Burgenromantik als Wanderziel entdeckt wurde. Bekannt wurde die Rudelsburg und die benachbarte Burg Saaleck durch die Studentenlieder »An der Saale hellem Strande« und »Dort Saaleck, hier die Rudelsburg«. Mit der 1849 in Betrieb genommenen Thüringer Bahn etablierten sich beide Orte zu einem beliebten Touristenziel; zwischen 1870 und 1872 wurde die Rudelsburg wieder aufgebaut. Dank des Saale-Radwegs und der günstigen Lage im Mitteldeutschen Verkehrsverbund ist Bad Kösen auch ohne Auto gut erreichbar.

Eisenbahnbrücke über die Nahe unterhalb der Burg Ebernburg, 1910.

Eisenbahnbrücke über die Trave bei Bad Oldesloe/Holstein, Postkarte von 1918.

## BAD MÜNSTER – EBERNBURG/NAHE

Im Vordergrund der Ansicht von 1910 ist die zweigleisige Nahebrücke vor dem Bahnhof Ebernburg (links) zu sehen. Sie entstand mit dem Bau der 50 Kilometer langen und auf gesamter Strecke im Mai 1871 eröffneten Alsenzbahn, die von Hochspeyer/Pfälzerwald über Enkenbach–Winnweiler–Rockenhausen und Alsenz nach Bad Münster am Stein führt, wo sie auf die Nahetalbahn (Bingen–Saarbrücken) trifft. Bis zum Ersten Weltkrieg fuhren auf dieser (bis 1901 zweigleisig ausgebauten) Strecke zahlreiche Fernverkehrszüge (Köln–Basel), sogar der Orient-Express. Der 1871 eröffnete Bahnhof Ebernburg war ein Grenzbahnhof zwischen den Königreichen Bayern und Preußen und daher stark frequentiert. Noch nicht einmal einen Kilometer von dieser Station entfernt liegt der Bahnhof Bad Münster am Stein. Er war über diese 150 Meter lange Brücke, eine aus vier obenliegenden Fischbauchträgern bestehende Konstruktion, die auf drei Steinpfeilern ruht, zu erreichen. Aufgrund der Nähe zum Eisenbahnknotenpunkt Bad Münster, aber auch infolge der geringen Nachfrage, wurde 1970 der Bahnhof Ebernburg aufgelassen. Die hier abgebildete Brücke war im Jahr 1944 mehrfach Ziel alliierter Luftangriffe, bis sie schließlich im Oktober desselben Jahres in sich zusammenbrach (und in der Nachkriegszeit in vereinfachter Form wieder aufgebaut wurde). Im Hintergrund der Karte thront die Ruine Ebernburg, Mitte des 14. Jahrhunderts als Höhenburg oberhalb der Nahe errichtet.

## BAD OLDESLOE

Diese Ansicht, als Feldpostkarte im September 1918 und damit gegen Ende des Ersten Weltkrieges verschickt, zeigt eine Dampflok mit sechs Wagen, die die Trave westlich von Bad Oldesloe überfährt. Oldesloe ist der wichtigste Zwischenhalt auf der 64 Kilometer langen und im August 1865 eröffneten Bahnlinie Hamburg–Lübeck. 1963 und damit rund 100 Jahre später, wurde die Strecke zur Vogelfluglinie (Hamburg–Kopenhagen) ausgebaut. Besonders reizvoll ist die flache Moor- und hügelige Geestlandschaft zwischen Bad Oldesloe und Lübeck; weitgehend parallel zur Bahnstrecke auf diesem Abschnitt verläuft die B 75.

Eisenbahnbrücke bei Bad Salzschlirf/Hessen, Ansicht um 1930.

## BAD SALZSCHLIRF

Ab 1871 war Bad Salzschlirf/Oberhessen (Strecke Gießen–Fulda) an das Eisenbahnnetz angeschlossen. Im Jahr 1898 erhielt der Kurort zudem einen Abzweig nach Schlitz, der ab 1914 nach Niederjossa weiterführte. Bereits 1964 wurde der Personenverkehr auf der 23 Kilometer langen Nebenstrecke eingestellt, 1989 endete hier auch der Güterverkehr. Heute verläuft über den Abschnitt Bad Salzschlirf–Schlitz der Bahnradweg Hessen. Ein Teilstück davon ist auch diese kleine, unscheinbare Stahlgitterbrücke am westlichen Ortsrand von Bad Salzschlirf.

# Berlin

## Die Berliner Stadtbahn

Ein Großteil der Berliner Stadtbahn besteht aus Viadukten. Etwa 80 Prozent der rund zwölf Kilometer langen innerstädtischen Hochbahn vom Schlesischen Bahnhof (heute Ostbahnhof) bis Charlottenburg verläuft über Brücken. Während die im Juli 1871 in Dienst gestellte Ringbahn ursprünglich nur für den Güter- und Militärverkehr gedacht war, sollte die S-Bahn Personen befördern und der schnellen Verbindung der zahlreichen Kopfbahnhöfe dienen. Die offizielle Eröffnung fand am 7. Februar 1882 statt. Bereits einen Tag zuvor hatten auch Kaiser Wilhelm I. und seine Frau Augusta mit einem Sonderzug die von Anfang an viergleisige Strecke abgefahren und alle damaligen Unterwegsbahnhöfe (Jannowitzbrücke, Alexanderplatz, Börse, Friedrichstraße, Lehrter Stadtbahnhof, Bellevue, Zoologischer Garten) besichtigt (1885/1896 folgten noch die Stationen Tiergarten und Savignyplatz). Ab Mai 1882 befuhren die ersten Fernzüge die neue Strecke von Osten nach Westen. Die innovative Hochbahn bestand bei Inbetriebnahme aus sechs Brücken über die Spree und andere Gewässer, aus 60 Straßen- und Gleisunterführungen aus Eisen sowie aus 723 massiven Gewölben, die überwiegend repräsentativ gestaltet waren und ganz unterschiedlich genutzt wurden. Einen Teil dieser dekorativen und überwiegend überdachten Stadtbahnbögen nutzte die Bahnverwaltung selbst, andere dienten als Markthallen, Pferdeställe, Ausstellungsräume oder wurden anderweitig (Tabakläden, Gastronomie, Schreibstuben etc.) vermietet. Die Bögen waren aus Klinkern gewölbt, die Mauern bestanden aus Ziegelsteinen, zur Verblendung dienten Granitsteine. Unter den Gleisen und Bahnsteigen lag eine ebenfalls aufwendig gestaltete Halle als Empfangsgebäude. Bereits im ersten Jahr ihres Bestehens beförderte die Stadtbahn zehn Millionen Reisenden – und es wurden Jahr für Jahr mehr Passagiere. Die Elektrifizierung erfolgte 1924, die Zugfolge lag bei anderthalb Minuten. Die S-Bahn (so die Bezeichnung seit 1930) war eine jahrzehntelange Erfolgsgeschichte, bis sie durch die Teilung der Stadt 1945 bzw. den Mauerbau 1961 unterbrochen wurde. Nach der Wiedervereinigung (1990), umfangreichen Sanierungsmaßnahmen an Gleisen und Bahnhöfen diente die S-Bahn jahrelang auch dem Fernverkehr, bis 2006 der neue Hauptbahnhof in Betrieb genommen wurde. Erhalten haben sich zahlreiche Stadtbahnbögen und Empfangshallen im Originalzustand, die zu einer Zeitreise einladen.

Typisch für die Berliner Stadtbahn sind die zahlreichen Bögen unter dem Gleisbett, hier die Station Bellevue.

## BELLEVUE

Zwei Kilometer östlich des heutigen Hauptbahnhofs Berlin liegt der Bahnhof Bellevue, das Besondere an dieser Station: Wie auch der S-Bahnhof Hackescher Markt (ursprünglich Haltestelle Börse) hat sich der Bahnhof Bellevue weitgehend in seiner ursprünglichen Form erhalten. 1928 wurde die Bahnsteiglänge von 90 auf 160 Meter verlängert. Gut erkennbar sind hier die charakteristischen Stadtbahnbögen und die dekorative Bahnsteighalle.

Berlin um 1900: zu den Prachtbauten gehörten auch die Bahnhöfe der Stadtbahn, hier der Bahnhof Friedrichstraße.

## FRIEDRICHSTRASSE

Auch der Bahnhof Friedrichstraße wurde auf gemauerten Bögen errichtet. Da er bei Eröffnung (1882) in der historischen Mitte der Stadt lag und das Fahrgastaufkommen bereits damals sehr hoch war (er ist heute der meistfrequentierte Bahnhof nach dem Hauptbahnhof), wurden die Empfangshalle und die bogenförmige Bahnsteighalle besonders aufwendig gestaltet. Die Ansicht (um 1910) zeigt die Südseite, auf der noch keine Taxis, sondern zahlreiche Pferdedroschken stehen (der Haupteingang befand sich auf der Nordseite). Mehrfach erweitert, wurde der Bahnhof am Ende des Zweiten Weltkrieges schwer beschädigt. Zu DDR-Zeiten war er eine wichtige Grenzübergangsstelle.

Bahnhof Jannowitzbrücke um 1915.

## JANNOWITZBRÜCKE

Die am 11. Oktober 1915 abgestempelte Postkarte zeigt eine längst verschwundene Ansicht. Im Vordergrund steht die 1883 vollendete dreibogige Jannowitzbrücke für den Auto- und Straßenbahnverkehr, die über die Spree führt. Im Hintergrund gut erkennbar ist das Viadukt der Berliner Hochbahn, auf der ein Personenzug fährt, der gerade den Bahnhof Jannowitzbrücke (rechts) verlassen hat. Im Zweiten Weltkrieg nur marginal beschädigt, haben sich die typischen Mauerbögen bis heute erhalten.

Längst Vergangenheit: die Station Nollendorfplatz.

## SCHÖNEBERG - NOLLENDORFPLATZ

Der 1902 eröffnete Haltepunkt Nollendorfplatz lag damals an der Grenze zwischen Charlottenburg und Schöneberg. Im Laufe der Jahrzehnte entwickelte sich der Platz zu einem der wichtigsten Verkehrsknoten Berlins. Mit dem Hochbahnviadukt entstand Anfang des 20. Jahrhunderts die liebevoll gestaltete Grünanlage mit Brunnen. Das Gebäude des Haltepunkts, aus dem gerade eine S-Bahn fährt, war sehr dekorativ gefertigt und hatte eine verglaste Kuppel. Das ganze Areal wurde im Zweiten Weltkrieg weitegehend zerstört und in einfacher Form wieder aufgebaut.

Zu den spektakulären Unfällen der Hochbahn gehört die Flankenfahrt vom 26. September 1908, bei der ein Wagen in die Tiefe stürzte.

## KREUZBERG - GLEISDREIECK

Diese weithin bekannte Ansicht zeigt den bis heute schwersten Zugunfall im Berliner Nahverkehr. Ort des Geschehens: das damalige Gleisdreieck in Kreuzberg. Am 26. September 1908 fuhren zwei Züge Richtung Osten. Der eine kam vom Leipziger Platz im Norden, der andere von der Bülowstraße im Westen, als es an einer Weiche am Gleisdreieck zu einer Flankenfahrt kam und ein Wagen zehn Meter in die Tiefe stürzte. Bei diesem Unfall kamen 18 Fahrgäste ums Leben, 21 wurden verletzt.

Unachtsamkeit hatte zu diesem Unglück geführt: der Triebwagenführer des Zuges aus dem Norden hatte die durch ein Signal gewährleistete »freie Fahrt« des Nebengleises irrtümlich auf sich bezogen (er wurde zu einem Jahr und neun Monaten Gefängnisstrafe verurteilt). Aufgrund dieser Kollision und eines weiteren (harmlosen) Unfalls im Mai 1911 wurde die Verkehrsführung verändert und 1912/13 der Bahnhof Gleisdreieck in Hochlage angelegt.

Eisenbahnbrücke bei Bernburg/Saale, um 1930.

Viadukt bei Bietigheim/Württemberg, Ansicht von 1925.

## BERNBURG

Bereits seit September 1846 besaß Bernburg/Saale einen frühen Bahnanschluss nach Köthen. Die Streckenverlängerung nach Aschersleben bzw. Halberstadt erfolgte 19 Jahre später. In diesem Zusammenhang wurde nicht nur der bisherige Kopfbahnhof von dem noch heute genutzten Durchgangsbahnhof abgelöst und Bahnanlagen verlegt, nur wenige Hunderte Meter westlich vom Bahnhof musste auch ein Viadukt errichtet werden zur Überwindung der Saale. Diese einspurige Brücke war 188 Meter lang, etwa acht Meter hoch und enthielt bei drei Strompfeilern aus Sandstein vier Öffnungen. Der Überbau war ein Fachwerkeisenträger. Aufgrund der starken Inanspruchnahme auch durch den Güter- und Fernverkehr (Magdeburg–Halle) wurde die Brücke zweigleisig ausgebaut und verstärkt. Am 12. April 1945 und damit vier Tage bevor US-amerikanische Soldaten Bernburg erreichten, wurde der mittlere Eisenträger gesprengt. Nach baldiger Instandsetzung war die Brücke befahrbar, heute hat sie zwar an überregionaler Bedeutung verloren, wird aber nach wie vor von den Regionalbahnen nach Aschersleben genutzt.

## BIETIGHEIM

Zu den zahlreichen Sehenswürdigkeiten der heutigen Stadt Bietigheim-Bissingen gehört das imposante Viadukt über die Enz, das Mitte des 19. Jahrhunderts als Teilstück der württembergischen Westbahn (Bietigheim–Bruchsal) errichtet wurde. Im September 1853 eröffnet, war diese zweigleisige Strecke die erste Eisenbahnverbindung zwischen den damals eigenständigen Staaten Württemberg und Baden. Zunächst als Holzbrücke auf steinernen Pfeilern geplant, entstand schließlich das 287 Meter lange und 33 Meter hohe Bauwerk nach Vorbild eines römischen Aquädukts. Die landschaftsprägende Konstruktion besteht aus zwei Bogenreihen und 21 Bögen mit einer Lichtweite von je zwölf Metern. Lange Zeit blieb das Viadukt von alliierten Luftangriffen verschont und die wenigen Treffer am Ende des Zweiten Weltkrieges verursachten keine gravierenden Schäden, erst die Sprengung von fünf Pfeilern durch Angehörige der deutschen Wehrmacht am 8. April 1945 machten die Brücke unbrauchbar. Eine eingleisige Behelfsbrücke aus Stahl diente dem Verkehr, bis das instandgesetzte Viadukt Ende August 1949 in Betrieb ging. Die stark frequentierte Brücke wurde 1991 durch die Schnellfahrstrecke Mannheim–Stuttgart entlastet. Seit bald zwei Jahrhunderten ist das eindrucksvolle Bauwerk das Wahrzeichen von Bietigheim-Bissingen und seit 1925 alljährlich im September Schauplatz des traditionellen Pferdemarkts, eines Volksfestes, das mit einem Feuerwerk endet und nach dem dann die Bögen des Viadukts in bengalischem Licht erstrahlen.

Eisenbahnbrücke bei Blaubeuren/Schwäbische Alb, um 1920.

## BLAUBEUREN

Das Städtchen Blaubeuren liegt an der Bahnstrecke Ulm–Sigmaringen; der Abschnitt von hier bis zum 16 Kilometer entfernten Ulm wurde im August 1868 in Betrieb genommen. Aus dieser Zeit stammt die eingleisige Eisenbahnbrücke, die auf drei Pfeilern ruht und am Ende des Zweiten Weltkrieges beschädigt wurde. Sie überquert das Tal der Blau am Südrand der Schwäbischen Alb. Im Originalzustand erhalten hat sich dagegen das repräsentative Bahnhofsgebäude von Blaubeuren, das ebenfalls im August 1868 eröffnet wurde und das werktags von rund 60 Regionalzügen angefahren wird. Im Hintergrund der im Mai 1925 abgestempelten Ansichtskarte sieht man die Burgruine Hohengerhausen (ursprünglich um 1080), auch Russenschloss genannt.

Eisenbahnbrücke über die Mosel bei Bullay, 1925.

## BULLAY

Dieses Motiv (um 1925) zeigt eine Besonderheit: Bei der Eisenbahnbrücke bei Bullay/Mosel handelt es sich um die erste Doppelstockbrücke Deutschlands! Das zweigleisige Bauwerk entstand als Teil der 1879 fertig gestellten und 112 Kilometer langen Moselstrecke (Koblenz–Trier), die auch als Kanonenbahn bezeichnet wurde. Sie war die erste strategische Bahn und mit 800 Kilometern die längste zusammenhängend gebaute Bahnstrecke Deutschlands. 1882 vollendet, verlief sie quer durch das Deutsche Reich (Metz–Berlin), teils entlang der Mosel und der Lahn. Für den zivilen Eisenbahnverkehr und den Handel spielte sie nur eine untergeordnete Rolle. Die idyllische Moselstrecke verläuft über den Obergurt der 314 Meter langen Brücke, der Untergurt ist Teil der (heutigen) Landstraße L 199. Die kastenförmige Stahlgitterkonstruktion verbindet Bullay (linke Moselseite) mit Alf und Zell auf der gegenüberliegenden Flussseite. 1928/1929 umgebaut und verstärkt, spielte die Brücke mit ihren fünf Flusspfeilern im Zweiten Weltkrieg eine bedeutende Rolle für den Nachschub an die Westfront. Doch erst bei einem Angriff der US-amerikanischen Luftwaffe Mitte Februar 1945 wurde der bis dahin einmalige Bau erheblich zerstört und unbrauchbar. Die originalgetreue Rekonstruktion wurde bereits im April 1947 in Betrieb genommen. In Deutschland gibt es nur noch zwei weitere doppelstöckige Eisenbahn- und Straßenbrücken: die Dumicketalbrücke und Listertalbrücke, die an der Biggetalbahn (Finnentrop–Olpe) liegen und 1963 vollendet wurden.

Eisenbahnviadukt bei Daun/Eifel, um 1930.

## DAUN

Nicht jeder Ort war im Kaiserreich an das deutsche Bahnnetz angeschlossen, doch zahlreiche abgelegene Regionen, so auch die Eifel. Zu diesen inzwischen (1988) stillgelegten Strecken gehört auch die 40 Kilometer lange Verbindung zwischen Daun und Wittlich, die 1910 vollständig in Betrieb genommen wurde. Das eingleisige Viadukt bei Daun (1909) ist 103 Meter lang und 30 Meter hoch. Die Steinbogenbrücke mit ihren fünf Bögen wurde von dem Essener Bauunternehmen Hochtief errichtet. Im Zweiten Weltkrieg nicht zerstört, ist das Bauwerk nach Demontage des Gleises (1990) seit August 2000 Teil des Maare-Mosel-Radweges. Im Hintergrund der Karte erhebt sich die Burgruine Daun.

Eisenbahnbrücke über die Elbe bei Dömitz/Mecklenburg, 1937.

## DÖMITZ

Die zweigleisige Eisenbahnbrücke bei Dömitz/Mecklenburg wurde mit der rund 100 Kilometer langen Bahnstrecke Wittenberge–Lüneburg 1874 eröffnet. Die ursprüngliche Konstruktion war fast 1000 Meter lang und damit eine der längsten Flussbrücken. Sie bestand aus 16 Vorlandbrücken am westlichen Elbufer und aus vier Vorlandbrücken auf der östlichen Flussseite. Vier Brückenfelder mit Stützweiten von 68 Metern und einer Drehbrücke überspannten den mächtigen Strom. Als Überbauten dienten Balkenbrücken mit schmiedeeisernen Fachwerkträgern und untenliegender Fahrbahn. Daneben befanden sich die bis zu zehn Meter hohen Längsträger, die als Schwedlerträger konstruiert waren; diese besondere Bauform von Fachwerkträgern ist nach ihrem Erfinder, dem Berliner Ingenieur Johann Wilhelm Schwedler (1823–1894), benannt. Der hyperbelförmige Bogen links im Bild zeigt anschaulich diese Konstruktion; in der Brückenmitte wechselt die Diagonalenrichtung, die Mitte selbst besteht aus kreuzweisen Doppeldiagonalen (Schwedlertreäger wurden nicht bei großen Stützweiten verwendet). An jedem Brückenende befand sich ein massives Brückenhaus, das im Kriegsfall der Verteidigung hätte dienen sollen. Da die Brücke wider Erwarten keine überregionale Bedeutung besaß, wurde nur ein Gleis genutzt. Erst am 20. April 1945 und damit kurz vor Kriegsende bei einem alliierten Luftangriff getroffen, stürzte das Bauwerk mit seinen östlichen Teilen in die Elbe. Da hier dann die deutsch-deutsche Grenze verlief, fand keine Instandsetzung statt, vielmehr wurden 1988 auf DDR-Gebiet die Drehbrücke und die Vorlandbrücken abgerissen, bereits zehn Jahre zuvor waren die Flusspfeiler gesprengt worden. 2009 trennte sich die deutsche Bahn von dieser nach wie vor eindrucksvollen Eisenbahnruine; ein Privatinvestor errichtete auf den sanierten Vorlandbrücken auf westlicher Elbeseite einen Skywalk.

# Eistalbrücken/Pfalz

Die Eistalbahn führte von Grünstadt/Vorderpfalz 26 Kilometer nach Enkenbach und damit durch den Pfälzerwald. Der erste Abschnitt von Grünstadt nach Eisenberg wurde bereits 1876 eröffnet, die Vollendung der Strecke nach Enkenbach erst 1932. Mit dem Bau der Weiterführung entstanden auch drei Eisenbahnbrücken: das Dreibrunnertalviadukt, die Bocksbachtalbrücke und das Eistalviadukt. Bedeutend war die Strecke vornehmlich für den Gütertransport der Eisenerzindustrie bei Eisenberg, im Zweiten Weltkrieg (bis zur Beschädigung des Eistalviadukts und damit der Unterbrechung der Strecke 1944) war sie von strategischer Bedeutung. Ab 1949 wieder in Betrieb, wurde der Personenverkehr 1976, der Güterverkehr 1988 stillgelegt. Dank des Fördervereins Eistalbahn und dem 1994 eingeführten Rheinland-Pfalz-Takt wurde der Abschnitt Grünstadt–Eisenberg–Ramsen 1994/95 reaktiviert.

Bocksbachtalbrücke bei Ramsen/Pfälzerwald, 1934.

## Bocksbachtalbrücke

Zweitlängstes Bauwerk der Eistalbahn ist die Bocksbachtalbrücke zwischen Ramsen und dem Stausee Eiswoog. Die 1932 fertig gestellte Bogenbrücke besteht aus sechs Bögen und hat eine Länge von 170 Metern, ihre Höhe beträgt 28 Meter. Die Brücke dient dem sonntäglichen Ausflugsverkehr von Frankenthal–Freinsheim–Grünstadt–Ramsen zum Haltepunkt Eiswoog; dort befindet sich seit 1996 die drei Kilometer lange Schmalspurbahn der Stumpfwaldbahn, die vor allem Kindern ein großes Vergnügen bereitet.

Das ebenfalls noch heute vorhandene Eisbachtalviadukt am Eiswoog/ Pfälzerwald, 1958.

Eisenbahnbrücke bei Emskirchen/Mittelfranken, 1925.

## EISTALVIADUKT

Das Eistalviadukt wenige Meter südwestlich, ebenfalls 1932 eröffnet, überspannt mit seinen 271 Metern den Eiswoog und ist damit die längste Eisenbahnbrücke der Pfalz. Ihre Höhe beträgt 35 Meter. Die Fachwerkbalkenkonstruktion, die auf zwei Stahlbetonpfeilern ruht, wurde durch alliierte Tieffliegerangriffe 1944/45 beschädigt, 1949 instandgesetzt. Nach der Stilllegung des Streckenabschnittes Ramsen–Enkenbach (1976/1988) sollte das Bauwerk sogar gesprengt werden, was der Förderverein Eistalbahn erfolgreich verhinderte. Heute ist das Viadukt das Wahrzeichen des Eiswoogs, eines überregional beliebten Ausflugszieles.

## EMSKIRCHEN

Die Ansicht zeigt die erste Eisenbahnbrücke bei Emskirchen (Strecke Fürth–Würzburg), 1865 eröffnet und mit einer Höhe von fast 38 Metern jahrzehntelang das höchste Viadukt Bayerns. Das zweigleisige Bauwerk mit zwei Mittelpfeilern und den drei untenliegenden Linsenträgern, das die Mittlere Aurach überquert, ist typisch für die Brückenbauweise in der zweiten Hälfte des 19. Jahrhunderts. Die gusseiserne Konstruktion wird so benannt, da sie der Form einer optischen Linse gleicht. Im Jahr 1936 wurde der stark frequentierte Brückenüberbau verstärkt, d.h. durch eine stählerne Balkenkonstruktion ersetzt. Im Zweiten Weltkrieg zerstört, wurden die Pfeiler instandgesetzt, die 130 Meter lange Überführung mit Stegblechen in einfacher Form errichtet. Die heutige Aurachtalbrücke, eine 528 Meter lange Spannbetonbrücke, entstand nach einer längeren Planungsphase und ging Ende November 2016 in Betrieb. Dank einer veränderten Linienführung und damit einem anderen Standort (östlich der bisherigen Brücke) hat die Lärmbelästigung für die Bewohner von Emskirchen spürbar abgenommen, zudem konnte die Geschwindigkeit der Züge auf 160 km/h erhöht werden.

Eisenbahnbrücke am Hauptbahnhof Erfurt, 1941.

Lützeltalviadukt bei Frankenberg/Sachsen, 1935.

## ERFURT

Die Postkarte wurde am 22. Juni 1941, dem Tag des Einmarschs der Wehrmacht in die Sowjetunion, abgestempelt. Der Betrachter blickt vom Stadtpark auf die südliche Seite des Bahnhofs, der damals (und bis 2000) als Inselbahnhof angelegt war. Die Hochgleise befanden sich auf einem ehemaligen Festungswall. Zu sehen ist der langgezogene (damalige) Bahnsteig 5 und 6, der über die Bahnhofstraße führt. Im Erfurter Hauptbahnhof ist es das Hauptgleis der 210 Kilometer langen und bereits 1849 in Betrieb genommenen Strecke Bebra–Halle. Die Gleis- und Bahnsteigerweiterung auf der Südseite fanden 1940/41 statt und sind auf dieser Ansicht noch nicht berücksichtigt.

## FRANKENBERG/SACHSEN

Das Lützeltalviadukt bei Frankenberg/Sachsen entstand ab April 1867 in nur zwölfmonatiger Bauzeit mit der Verlegung der ab März 1869 in Betrieb genommenen Strecke Roßwein–Niederwiesa, einer 37 Kilometer langen Nebenstecke der Hauptbahn Dresden–Werdau. Seit 2004 wird nur noch der 18 Kilometer lange Abschnitt zwischen Hainichen und Niederwiesa im Personennahverkehr bedient. Etwa auf halber Strecke, wenige Hundert Meter nördlich des historischen Empfangsgebäudes von Frankenberg, steht das eindrucksvolle Viadukt. Das Quader- und Bruchsteinmauerwerk mit vier Pfeilern ist 104 Meter lang und 25 Meter hoch. Im Gegensatz zu vielen anderen Brücken blieb sie von einer Sprengung am Ende des Zweiten Weltkrieges verschont, 2004 wurde sie umfangreich saniert. Das Viadukt steht am Eingang des Wanderparadieses Lützeltal, durch das der Lützelbach, ein rechter Zufluss der Zschopau, fließt.

Eisenbahnbrücke über den Main bei Frankfurt, Fotografie 1890.

## FRANKFURT/MAIN

In Frankfurt überqueren vier Eisenbahnbrücken den Main. Die erste Brücke wurde im November 1848 als Main-Neckar-Brücke eingeweiht. Diese Steinbogenbrücke diente dem Bahnverkehr über Darmstadt und Weinheim nach Heidelberg. Mit dem Bau des (1888 eröffneten) Hauptbahnhofs wurden auch Streckenführungen verändert, Brücken neu errichtet. Die erste Main-Neckar-Brücke wurde zur Straßenbrücke umgebaut und 1891 nach Kaiser Wilhelm I. benannt (heutige Friedensbrücke). Die hier abgebildete neue Main-Neckar-Brücke entstand etwa einen Kilometer stromabwärts zwischen dem Gutleutviertel auf der Nordseite des Mains sowie Sachsenhausen und Niederrad auf der südlichen Flussseite. Über dieses viergleisige Bauwerk mit vier Flusspfeilern aus rotem Mainsandstein und fünf Halbparabelträgern aus Stahl rollte ab August 1885 der Güterverkehr, drei Jahre später auch der Personenverkehr. Der westliche Überbau bedient den Verkehr über Frankfurt-Süd Richtung Göttingen, über die östliche Seite (mit Fußgängersteg) verkehrt die Main-Neckar-Bahn Richtung Heidelberg. Dieser Zustand (Ansicht von 1890) wurde 1927 mit Verstärkung der Brücke und Umbau zur Stahlfachwerkbrücke verändert. Wie auch alle anderen Frankfurter Mainbrücken wurde das Bauwerk im März 1945 von Wehrmachtssoldaten gesprengt, der Wiederaufbau war Ende 1946 vollendet, die Elektrifizierung der Strecke erfolgte 1957.

Eisenbahnbrücke (mit Brückenhaus) bei Freilassing/Bayern.

## FREILASSING

Seit August 1860 in Betrieb, verläuft über diese Eisenbahnbrücke bei Freilassing bis heute die Strecke München–Rosenheim–Salzburg. Die 200 Meter lange Segmentbogenbrücke überquert die Saalach, die hier die Grenze zwischen Deutschland und Österreich markiert. Sie liegt zu 40 Prozent auf deutscher, zu 60 Prozent auf österreichischer Seite. Anlässlich der Eröffnungsfahrt der Strecke Rosenheim–Salzburg am 12. August 1860 rollten auch der bayerische König Maximilian II. und der österreichische Kaiser Franz Joseph in einem Sonderzug über dieses geschmackvolle Viadukt. Auf der Postkarte von 1928 ist die Grenzstation mit Zollgebäude zu sehen. Die Brücke hat den Zweiten Weltkrieg überlebt. Ab 2005 erfolgte die umfangreiche Modernisierung der Grenzstrecke, die zwischen Freilassing und Salzburg dreigleisig ausgebaut wurde. Bei dieser Gelegenheit wurde eine neue eingleisige Eisenbahnbrücke neben dem historischen Bauwerk errichtet.

Stockerbachviadukt bei Freudenstadt/Schwarzwald, Postkarte von 1930.

Das noch heute bestehende, aber funktionslose Eisenbahnviadukt bei Friedberg/Hessen, Ansicht von 1933.

## FREUDENSTADT

Das 1879 vollendete Stockerbachviadukt bei Grüntal, einem Stadtteil von Freudenstadt, liegt auf der Bahnstrecke Eutingen im Gäu–Schiltach (Gäubahn) und überbrückt das Stockerbachtal. Das fast 300 Meter lange, 43 Meter hohe und sechs Meter breite Viadukt besteht aus den hier gut sichtbaren vier Pfeilern, die im Abstand von 50 bis 60 Meter stehen. Mit Eröffnung der eingleisigen Strecke am 1. September 1879 (die südliche Fortsetzung von Freudenstadt nach Schiltach folgte 1886) war die rund 60 Kilometer entfernte Landeshauptstadt Stuttgart bequem erreichbar. Vor allem in den ersten Jahrzehnten des 20. Jahrhunderts wurde diese Verbindung von den »Bäderzügen« aus Frankfurt und Wiesbaden (über Karlsruhe, Pforzheim und Hochdorf) stark frequentiert, die eingleisige Strecke galt als eine der württembergischen Hauptbahnen. Am 23. April 1945 und damit nur vier Stunden vor dem Eintreffen französischer Truppen in Freudenstadt sprengten Wehrmachtspioniere zwei Brückenpfeiler. Nach provisorischer Instandsetzung erhielt das Stockerbachviadukt statt der ursprünglichen Gitterbalkenkonstruktion einfache Kastenträger aus Stahlbeton, die gemauerten Pfeiler wurden durch Betonpfeiler ersetzt. Ab Mitte der 1970er Jahre verlor die Strecke an Bedeutung, immerhin wurde sie im Gegensatz zu zahlreichen anderen Nebenbahnen nicht stillgelegt, sondern dient dem Personenverkehr von und nach Stuttgart.

## FRIEDBERG

Im Jahr 1976 hatte die Deutsche Bundesbahn ihren Abriss beschlossen, doch Bürgerproteste und dann ein sensiblerer Umgang mit dem Schutz von Kulturdenkmälern führte zu ihrem dauerhaften Erhalt: Das zweigleisige Rosentalviadukt der Main-Weser-Bahn (Strecke Frankfurt–Gießen–Kassel) wurde im Mai 1850 eingeweiht, zusammen mit dem Streckenabschnitt Frankfurt–Friedberg; es gilt als ein besonderes verkehrstechnisches Monument der frühen Eisenbahngeschichte. Die 275 Meter lange und 16 Meter hohe Steinbogenbrücke aus rotem Sandstein besteht aus 24 Bögen. Unterteilt ist diese eindrucksvolle Bogenreihe durch polygonale Pfeiler in drei Gruppen zu je acht Bögen. Der sehr repräsentative und zu seiner Zeit sehr kostenintensive Bau erinnert an ein römisches Aquädukt. Ein profiliertes Brüstungsband bildet den Abschluss des formschönen Bauwerks, das den Usbach zwischen Friedberg und Bad Nauheim überquert und das von den Luftangriffen im Zweiten Weltkrieg verschont blieb. In ihrer Funktion wurde die landschaftsprägende Brücke 1982 abgelöst durch eine zeitgemäße Betonbrücke, die parallel zum historischen Bau verläuft, der wiederum durch Wildwuchs einen unverdient vernachlässigten Eindruck macht.

# JOCKETA - ELSTERTALBRÜCKE

Auf den ersten Blick könnte man meinen, es handle sich bei dieser Ansicht um das Göltzschtalviadukt bei Greiz. Tatsächlich ist die Elstertalbrücke bei Jocketa abgebildet, ebenfalls im Vogtland, gleichfalls im Juli 1851 eingeweiht wurde und nur rund zehn Kilometer südlich des weithin berühmten Viadukts steht. Entstanden ist die zweigleisige Elstertalbrücke mit dem Bau der bereits ab 1842 in Betrieb genommenen Strecke Leipzig–Hof. Damals führte die 165 Kilometer lange Verbindung durch die Länder Sachsen, Sachsen-Altenburg, Reuß ältere Linie und Reuß jüngere Linie sowie Bayern. Für annähernd 100 Jahre war sie eine der bedeutendsten Nord-Süd-Trassen Deutschlands. Mehrere längere Viadukte sind Teil der landschaftlich reizvollen Strecke, eine architektonische Herausforderung waren jedoch wegen des unsicheren Baugrundes diese beiden Brücken im Vogtland. Die Bogenbrücke bei Jocketa befindet sich zehn Kilometer nördlich von Plauen. Sie überquert die Weiße Elster und ist 279 Meter lang und 68 Meter hoch. Errichtet wurde sie in zwei Etagen, von denen die obere aus neun Bögen besteht, deren beiden mittleren Segmente eine Spannweite von je 31 Metern aufweisen. Die untere Ebene wird von fünf Pfeilern getragen, von denen vier zu Doppelpfeilern vereint sind; das untere Stockwerk ist begehbar. Rund 800 Arbeiter waren von Ende 1846 bis zur Eröffnung 1851 am Bau beteiligt, der aus mehr als zwölf Millionen Ziegelsteinen besteht. Umfangreiche Sanierungs- und Erweiterungsarbeiten an der Fahrbahnwanne erfolgten 1925/26. Im Zweiten Weltkrieg blieb das Viadukt trotz der strategischen Bedeutung von alliierten Luftangriffen verschont, erst in Folge Hitlers wahnsinnigem Nerobefehl sprengten Pioniere der Wehrmacht Mitte April und damit nur wenige Tage vor dem Einmarsch der Amerikaner in Thüringen den mittleren Brückenpfeiler und angrenzende Bögen. Damit war auf einer Länge von 80 Metern eine Lücke entstanden, der Verkehr unterbrochen, das Elstertal lag voller Schutt. Nach einem Provisorium aus Stahlfachwerk wurde die Elstertalbrücke nach dem neusten Stand der damaligen Technik rekonstruiert und Ende Oktober 1950 dem Verkehr übergeben. Erst 2012 wurde die Brücke (mit der Strecke Reichenbach–Hof) elektrifiziert. Längst ist ihre Bedeutung und die der Strecke verschwunden, sie dient nur noch dem Regionalverkehr, die zweite Bogenebene zusätzlich Fußgängern als Überweg. Immerhin handelt es sich bei der Elstertalbrücke um die zweitgrößte Ziegelsteinbrücke der Welt. Im Elstertal und damit in unmittelbarer Nähe des Viadukts liegt auch die Siedlung Barthmühle. Hervorgegangen aus der gleichnamigen Mühle, besteht sie aus mehreren Gebäuden, u.a. einer beliebten Sommerfrische, die auf der Rückseite der Postkarte folgendermaßen wirbt: »Schöne Fremdenzimmer mit und ohne Pension, Saallokalitäten, Glasveranda und schattiger Gastgarten, Autounterkunft, anerkannt beste Verpflegung bei billigen Preisen.« Bequem erreichbar war das beliebte Ausflugsziel über den Bahnhof Barthmühle, der an der eingleisigen Elstertalbahn (Gera–Greiz–Plauen–Weischlitz) liegt, die auch von der Elstertalbrücke überspannt wird.

Elstertalbrücke mit Siedlung Barthmühle, um 1920.

Elstertalbrücke (Strecke Leipzig–Hof), Postkarte von 1910.

Elstertalbrücke mit Elstertalbahn (Gera–Greiz–Plauen–Weischlitz), 1924.

Eisenbahnbrücke der Elstertalbahn im Steinicht/Vogtland, 1928.

Neißeviadukt bei Görlitz/Sachsen, um 1920.

## ELSTERTALBRÜCKE IM STEINICHT

Idyllisch und weitab der Städte gelegen, von keinem Straßenlärm gestört, liegt das drei Kilometer lange Steinicht, ein Flusstal der Weißen Elster im Vogtland, durch das seit 1875 die Elstertalbahn (Gera Süd–Weischlitz) führt. Allein auf dem fünf Kilometer langen Abschnitt zwischen Elsterberg (von Gera und Greiz kommend) und Rentzschmühle (weiter nach Plauen und Weischlitz) bestehen ein Tunnel und vier Brücken, so auch die hier abgebildete Elsterbrücke, die 43 Meter lang ist und nach der Zerstörung am Ende des Zweiten Weltkrieges ersetzt wurde. Die heutige Stahlbrücke ist kein spektakuläres Bauwerk (im Gegensatz zu den nahe gelegenen Göltzschtal- und Elstertalviadukten), doch sie erfüllt ihren Dienst ebenso zuverlässig. Gesäumt wird die romantische Bahnstrecke hier nur von Wanderwegen.

## GÖRLITZ

Sogar noch älter als die Göltzschtalbrücke ist das Neißeviadukt an der deutsch-polnischen Grenze bei Görlitz. Die 475 Meter lange und 35 Meter hohe Brücke wurde offiziell am 1. September 1847 zusammen mit der rund 20 Kilometer langen Strecke nach Kohfurt eingeweiht. Dort bestand bereits seit einem Jahr Anschluss an die Verbindung Berlin–Breslau, weitere Hauptbahnen folgten, so dass sich der kleine Ort zu einem bedeutenden Verkehrsknoten in Niederschlesien entwickelte. Die größtenteils originalerhaltene Brücke mit ihren 30 Bögen unterschiedlicher Weite überquert die Lausitzer Neiße mit ihrem Tal. Das langgestreckte und zunächst eingleisige Brückenbauwerk besteht weitgehend aus Granit, der in der Oberlausitz abgebaut wurde. Schon 1860 erfolgte der zweigleisige Ausbau, 1923 die Elektrifizierung der Strecke. Kaum zu glauben, aber wahr: Am 7. Mai 1945, einen Tag vor dem offiziellen Kriegsende, sprengten Pioniere der Wehrmacht drei Pfeiler, deren Trümmer in die Neiße fielen; die Gleise dagegen hielten Stand und hingen bis Oktober 1945 zwischen den Brückenteilen. Die Gleise dienten nun Flüchtlinge aus Schlesien als Weg in den Westen, bis die sowjetische Besatzungsmacht diese gefährliche Überquerung kappte. Erst ab 1952 begann der Wiederaufbau des Neißeviadukts durch Polen, im Mai 1957 begann der erste grenzüberschreitende Eisenbahnverkehr zwischen Polen und der DDR. Der größte Teil der Brücke steht auf polnischem Territorium, als Ganzes befindet sie sich im Besitz des polnischen Staates. Nach Sanierungsarbeiten (2013) dient die eindrucksvolle Bogenbrücke dem (nicht mehr elektrifizierten) Regionalverkehr zwischen Dresden und Breslau.

Luhetal-Viadukt beim Flecken Greene in Niedersachsen, 1923.

E-Lok mit Silberlingen überfährt das Viadukt Großhesselohe bei München, 1965.

## GREENE (EINBECK)

So klein der Flecken Greene, heute ein Ortsteil der Stadt Einbeck in Niedersachsen, mit seinen 1500 Einwohnern auch sein mag, so großartig ist das dortige Luhetal-Viadukt. Erbaut wurde es für die 106 Kilometer lange Strecke Langeland–Kreiensen, die im Oktober 1865 in Betrieb ging und ein zweigleisiges Teilstück der damals wichtigen Fernverkehrsverbindung vom Ruhrgebiet über Altenbeken Richtung Osten (Hannover, Berlin, Leipzig) darstellte. Die eindrucksvolle Bogenbrücke aus Dolomitgestein ist 97 Meter lang, 31 Meter hoch und 8,5 Meter breit. Sie besteht aus acht gleich großen Halbkreisbögen. Die Karte wurde am 31. Juli 1923 in Kreiensen abgestempelt, gut darauf zu erkennen sind die Brückenaugen auf den sieben Pfeilern und der fein gearbeitete Rundbogenfries. Der landschaftsprägende Bau überführt die B 64 und dient noch immer dem Regionalverkehr im südlichen Niedersachsen bzw. im südöstlichen Nordrhein-Westfalen.

## GROSSHESSELOHE

Auch die Großhesseloher Eisenbahnbrücke (Strecke München–Bad Tölz–Lenggries), die das romantische Isartal zwischen dem Münchener Stadtteil Harlaching und dem Pullacher Ortsteil Großhesselohe überquert, ist ein Bauwerk voller Geschichte. Im Oktober 1857 eingeweiht ist das zweigleisige Viadukt 258 Meter lang und 31 Meter hoch. Dieses erste Bauwerk bestand aus vier Öffnungen und den erstmals verwendeten Pauliträgern. Bei dieser nach dem Bauingenieur Friedrich August von Pauli (1802–1883) benannten Konstruktion, einer Weiterentwicklung des Linsenträgers, haben Ober- und Untergurte an allen Stellen die gleiche Spannung. Doch bereits 1909 wurden sie durch genietete Fachwerk-Halbparabelträger ersetzt, wie auf der Ansicht (1965) gut zu erkennen ist. Ein mutiger Bürger verhinderte im März 1945 die Durchführung des Nerobefehls. Aufgrund starker Beanspruchung und Materialermüdung genügte die Brücke den Anforderungen der Zeit nicht mehr; sie wurde 1983/84 abgerissen. An gleicher Stelle entstand eine Fachwerkbrücke mit aufliegender Fahrbahn, die im Oktober 1985 mit der Überfahrt eines Adler-Nachbaus eingeweiht wurde. Während das erste Viadukt von Anfang an zwei parallel zu den Gleisen gelegene Fußwege hatte, verläuft bei dem heutigen Bauwerk ein Rad- und Fußweg innerhalb der Fachwerkkonstruktion. Ob als Zugreisender, Radfahrer oder Fußgänger – der Blick von der Brücke auf das Isartal ist atemberaubend.

Viadukt der Hessischen Nordbahn bei Guntershausen, 1920.

## GUNTERSHAUSEN

Zu sehen ist hier eine technische Meisterleistung aus der frühen Epoche der glorreichen Eisenbahngeschichte: die zweigleisige Fuldabrücke bei Guntershausen. Das Viadukt entstand als Teilstück der Friedrich-Wilhelms-Nordbahn (ab 1866 Hessische Nordbahn), die ab 1849 durchgängig von Bebra nach Baunatal-Guntershausen befahrbar war. Die rund 45 Kilometer lange Verbindung war die erste Hauptstrecke in Kurhessen, das 314 Meter lange, 33 Meter hohe und zehn Meter breite Viadukt bei seiner Einweihung die längste Bahnbrücke Deutschlands (bis zum Bau der Göltzschtalbrücke). Sie bestand aus 13 Bögen gleicher Spannweite von je 16,50 Meter, wobei die sieben mittleren Backsteingewölbe das Flussbett der Fulda überspannen.

Die massiven Widerlager waren jeweils 28 Meter lang und 14 Meter breit. Fast 100 Jahre verlief der Zugverkehr auf der wichtigen Süd-Nord-Trasse (Frankfurt–Kassel) reibungslos, bis ein deutsches Sprengkommando sich dem Nerobefehl verpflichtet fühlte und die mittleren Pfeiler sprengte. Die Verantwortlichen der amerikanischen Besatzungszone ließen eine Behelfsbrücke errichten, der Neubau mit einem 100 Meter langen weit gespannten Stahlbetonbogen wurde 1952 eröffnet. Unter Verwendung der drei alten Steingewölbe rechts und links des Flusses hat sich bis heute eine landschaftsprägende Brücke erhalten, die 100 Jahre Architekturgeschichte im wahrsten Sinne des Wortes verbindet.

Eisenbahnbrücke über die Haiger bei Dill/Hessen, um 1930.

## HAIGER/DILL

Die beschauliche Steinbogenbrücke, die hier die Dill bei Haiger überspannt, entstand mit dem Bau der Bahnlinie von Köln-Deutz nach Gießen (1862); erst Ende 1915 wurde der Abschnitt Haiger–Siegen und damit der nördliche Teil der heutigen, 166 Kilometer langen Dillstrecke in Betrieb genommen. Die Verbindung brachte für die bis dahin abgelegene Region einen erheblichen wirtschaftlichen Aufschwung.

# HAMBURG

## HARBURG - SÜDERELBBRÜCKE

Mit insgesamt rund 2500 Brücken ist die Freie und Hansestadt Hamburg die Stadt in Europa, wenn nicht gar weltweit, mit den meisten Brücken; 14 davon dienen dem Eisenbahnverkehr. Zu diesen großen Bauwerken, die mit der Industrialisierung und dem Ausbau des Eisenbahnnetzes entstanden, gehört auch die hier abgebildete Brücke, die die Süderelbe zwischen Harburg und Wilhelmsburg überquert. Im Jahr 1872 als vierfeldrige Bogenbrücke errichtet, entstand sie für die überregional bedeutende Strecke Hamburg–Venloe/Niederlande; auf ganzer Länge war sie ab 1874 befahrbar. Von Anfang an war die Brücke zweigleisig konstruiert (während die Bahnlinie zunächst überwiegend eingleisig verlegt war). Die Hamburger Elbbrücken (Norder- und Süderelbbrücke) waren die erste feste Verbindung zwischen Hamburg und der damals selbstständigen Stadt Harburg, bis 1937 Teil der preußischen Provinz Hannover. Der Abstand zwischen den einzelnen Steinpfeilern betrug rund 100 Meter. Wegen des gestiegenen Verkehrs entstand bereits 1910/12 ein zweigleisiger Parallelbau, ein kompletter Neubau ersetzte die abgebildete Brücke 1921. Beide Brückenbauwerke wurden dann in den 1970er Jahren abgerissen und durch zwei je zweigleisige Viadukte von je 340 Meter ersetzt. Zwei weitere Brücken in unmittelbarer Nachbarschaft folgten, zum einen für den S-Bahn-Verkehr nach Harburg, zum anderen für den Güterverkehr. Die Ansichtskarte, auf deren Vorderseite die formschöne Brücke zu sehen ist, wurde am 30. Oktober 1910 als Bahnpost zwischen Hannover und Hamburg abgestempelt.

Eisenbahnbrücke über die Süderelbe bei Hamburg-Harburg, Postkarte von 1910.

Bahnpoststempel (Hannover–Hamburg) vom 30.Oktober 1910.

Die Hamburger Vorortbahn Blankenese–Ohlsdorf unter einer Straßenbahnbrücke, 1908.

## ST. GEORG

Diese Ansicht zeigt keine klassische Eisenbahnbrücke, sondern eine Straßenbahnbrücke im Hamburger Stadtteil St. Georg, dahinter die mächtige Bahnsteighalle des Hauptbahnhofs. Die Elektrifizierung der Straßenbahn begann ab 1894, bis 1978 wurde dieses damals fortschrittliche Verkehrsmittel ersetzt durch den teilweisen Ausbau von U- und S-Bahnen sowie zahlreiche Buslinien. Als Besonderheit auf der Karte von 1908 wird der »neue elektrische Eisenbahnzug Blankenese–Ohlsdorf« vorgestellt. Er war als eine wichtige Vorortbahn im Januar desselben Jahres in Betrieb genommen worden und bediente die 25 Kilometer lange Strecke von Blankenese über den Hauptbahnhof nach Ohlsdorf (bis Mitte 1955). Die große Besonderheit: Als eine der ersten Bahnlinien in Deutschland war sie durchgehend mit Wechselstrom (6,3 kV/25 Hz) elektrifiziert.

Hamburger Hochbahn, Station Rödingsmarkt, um 1915.

## RÖDINGSMARKT

Hier blicken wir auf das 1912 in Betrieb genommene Hochbahn-Viadukt, im Hintergrund ist der Hafenrand zu erkennen. Die Hochbahn befindet sich gerade zwischen den beiden Stationen Rödingsmarkt und Baumwall. Das Viadukt der Hamburger Hochbahn ist lange nicht so repräsentativ und vielseitig genutzt wie das Berliner Hochbahn-Viadukt, doch auch diese Stahlkonstruktion wirkt filigran und sie hielt sich jahrzehntelang, bis sie im Jahr 2000 teilweise durch einen Neubau ersetzt wurde. Aufwendig gestaltet und im Ansatz original erhalten ist dagegen die Hochbahn-Haltestelle Rödingsmarkt der heutigen U-Bahn-Linie 3.

Brücke der Heidelberger Bergbahn, um 1920.

## HEIDELBERG (BERGBAHN)

Die Ansicht (um 1920) zeigt die historische Königstuhlbahn, die im Juni 1907 als zweite Standseilbahn der Heidelberger Bergbahn in Betrieb ging. Bereits 1890 nahm die »Molkenkurbahn« ihren Dienst auf; diese führt von der Altstadt über das Schloss zur Molkenkur, einer ehemaligen Kuranlage. Von dort gelangt man über die 975 Meter lange Königstuhlbahn zum Königstuhl, der mit 570 Metern der höchste Berg der Bergstraße ist. Das hier abgebildete Viadukt, eine zweckmäßige Steinbrücke ohne Schmuckelemente überquert den Molkenkurweg. Auf der Schmalspurbahn (Meterbreite) fährt (nach mehreren Betriebsunterbrechungen) noch heute der (modernisierte) Wagen von 1907. Damit ist die obere Bergbahn die älteste Standseilbahn Baden-Württembergs.

Ruhr-Viadukt bei Herdecke/Ruhrgebiet, Flugaufnahme von 1930.

Viadukt bei Hetzdorf/Sachsen, Postkarte von 1925.

## HERDECKE

Diese Flugaufnahme (1930) zeigt das 1878 vollendete Ruhr-Viadukt, das zwischen Herdecke und Hagen-Vorhalle die Ruhr überquert. Die imposante Steinbogenbrücke aus Ruhrsandstein ist 313 Meter lang, 30 Meter hoch und sie besteht aus zwölf Bögen mit einer Weite von je 20 Metern. Schön erkennbar ist die leichte Kurve über dem Flussbett, an das sich südlich der Harkotsee, ein Ruhr-Stausee, anschließt. Bei der Bombardierung der rund 60 Kilometer östlich gelegenen Möhnetalsperre (zwischen Soest und Arnsberg) durch die Royal Air Force Mitte Mai 1943 wurden so gewaltige Wassermengen freigesetzt, die sich durch die Täler der Möhne und Ruhr ergossen, dass sie zahlreiche Zerstörungen anrichteten, u.a. wurde ein Pfeiler des Viadukts weggerissen. Ein Personenzug, der die Brücke befuhr, kam wenige Meter vor der entstandenen Lücke gerade noch rechtzeitig zum Stehen. Gegen Ende des Zweiten Weltkrieges sprengten Wehrmachtspioniere zwei weitere Pfeiler. Die im Mai 1879 in Betrieb genommene Bahnstrecke (Hagen–Dortmund) war jahrelang an dieser Stelle unterbrochen; erst 1957 konnte der Verkehr wieder aufgenommen werden. Wer heute mit der Volmetalbahn (Dortmund–Hagen–Lüdenscheid), einer Teilstrecke des Sauerland-Netzes, unterwegs ist, überquert noch immer das Ruhr-Viadukt bei Herdecke, das weitgehend im Original von 1878 erhalten ist und eine schöne Aussicht auf die Ruhrlandschaft bietet.

## HETZDORF/FLÖHATAL

Im Jahr 1868 fertig gestellt war das 328 Meter lange Viadukt bei Hetzdorf/Mittelsachsen eine von 138 Brücken auf der 80 Kilometer langen Strecke Dresden–Chemnitz, die bis Werdau führte. Auch war es Teil der (inzwischen weitgehend stillgelegten) Nebenbahnstrecke Reitzenhain–Flöha. Das zweigleisige Viadukt mit seinen insgesamt 17 Öffnungen unterschiedlicher Weite ist 43 Meter hoch. In der Talmitte überqueren vier große Bögen die Flöha, wie auf der Ansicht von 1925 gut zu erkennen ist. Das eindrucksvolle und stark beanspruchte Bauwerk aus Granit, Gneis und Sandstein blieb zwar von Sprengungen im Zweiten Weltkrieg verschont, nicht aber von Witterungseinflüssen und Verschleiß. Mehrfach erfolgte eine Geschwindigkeitsbeschränkung. Da eine umfangreiche Sanierung viel Zeit und Kosten verschlungen hätte, beschloss der Ministerrat der DDR Anfang 1986 eine Streckenbegradigung, damit eine zwei Kilometer lange Neubaustrecke und den Bau von zwei Spannbetonbrücken, die dann im Mai 1992, also nach dem Untergang der DDR, in Betrieb gingen. Seitdem ist die historische Brücke für den Verkehr stillgelegt und Teil des 1500 Kilometer langen Fernwanderweges Ostsee–Saaletalsperren.

Unterkotzauer Viadukt bei Hof/Saale (Strecke Hof–Leipzig), Postkarte von 1934.

## HOF

In landschaftlich reizvoller Lage befindet sich das Unterkotzauer Viadukt bei Hof (Strecke Leipzig–Plauen–Hof). Es wurde im November 1848 eröffnet, Betreiber der Strecke war inzwischen die Sächsisch-Bayerische Staatseisenbahn. Jahrzehntelang war dieser Streckenabschnitt Teil der wichtigsten Nord-Süd-Verbindung Deutschlands. Die Steinkonstruktion mit acht spitzbogigen Jochen im gotischen Stil ist 174 Meter lang und überspannt die Saale. Wenige Tage vor Kriegsende durch einen alliierten Bombenangriff getroffen und beschädigt wurde die Brücke zwar instandgesetzt, doch der Bahnverkehr in die russisch besetzte Zone ruhte zunächst; aufgrund der deutschen Teilung hatte die Strecke auch zu DDR-Zeiten an Bedeutung verloren. Nach Elektrifizierung und mehreren Sanierungen dient das Viadukt heute dem Regionalverkehr von Bayern nach Sachsen; das Bauwerk hat sein historisches Aussehen weitgehend im Original bewahren können.

Eisenbahnbrücke bei Hornberg/Schwarzwald, Postkarte von 1912.

## HORNBERG

Die Kleinstadt Hornberg liegt an der Badischen Schwarzwaldbahn, die von Offenburg nach Singen führt und zu den schönsten Bahnstrecken Deutschlands zählt. Auf ganzer Strecke befahrbar war die rund 150 Kilometer lange Gebirgsbahn, die quer durch den Schwarzwald führt und dabei 650 Höhenmeter überwindet, ab November 1873. Die Bahn beflügelte zunächst die Industrialisierung in den bislang abgelegenen Orten gegen Ende des 19. Jahrhunderts, insbesondere die Uhrenfabrikation, dann stand sie im Dienst des Tourismus. Vor dem Ersten Weltkrieg verkehrten über die Schwarzwaldbahn sogar internationale Züge von Amsterdam nach Chur. Auf der Strecke liegen 39 Tunnel, doch nur ein Viadukt – und das befindet sich in Hornberg. Auf der Karte von 1912 ist die 1871 vollendete zweigleisige Brücke zu sehen, die das Reichenbachtal überbrückt. Die 150 Meter lange und 24 Meter hohe Stahlbrücke ruhte auf Steinpfeilern. Aufgrund des gestiegenen Verkehrs wurde dieses Bauwerk 1925/26 durch die heutige dreigleisige Steinbogenbrücke ersetzt. Heute verkehren über die tunnelreiche Strecke u.a. Regionalzüge von Karlsruhe nach Konstanz und von Villingen nach Ulm mit Halt in Hornberg, das einen Besuch lohnt.

# Höllentalbahn

## Ravennaviadukt

Nicht nur Eisenbahn-Fans ist die Höllentalbahn ein Begriff. Zum Besuchsprogramm eines Aufenthalts in Freiburg bzw. im Breisgau gehört für viele Urlauber auch eine Fahrt mit der spektakulären Bahn. Allein schon ihre Bezeichnung ist vielversprechend. Mit Höllental ist das schluchtartige Tal zwischen Hinterzarten und Buchenbach-Himmelreich im Südschwarzwald, etwa 15 Kilometer südöstlich von Freiburg, gemeint. In der Universitätsstadt beginnt die 75 Kilometer lange Strecke, die durch eine wildromantische Landschaft nach Donaueschingen führt. Auf den ersten 25 Kilometern (bis nach Hinterzarten) steigt die Strecke von 268 Metern auf 985 Meter an, damit ist sie die steilste (Haupt-)Bahn Deutschlands. Eröffnet wurde sie in Etappen ab 1887 (bereits 1936 wurde der Abschnitt Freiburg–Neustadt elektrifiziert). Auf der weitgehend eingleisigen Strecke liegen zahlreiche Tunnel und Brücken mit tollen Ausblicken, die die Fahrt zu einem Erlebnis machen.
Das bekannteste Viadukt ist die Ravennabrücke, die nach rund 20 Kilometern über die Ravennaschlucht führt. Die Ansichtskarte (um 1900) diente in erster Linie dem Hotel zum Sternen als Werbung. Das aus einem Hofgut hervorgegangene Hotel (rechts abgebildet ist das Schwarzwaldhaus) gibt es noch heute. Der Weiler Höllsteig war seit Jahrhunderten ein bedeutender Ort für Reisende durch den Schwarzwald. Hier, an der Mündung der Ravenna in den Höllbach, konnte gerastet und übernachtet und gehandelt werden, hier befand sich eine Poststation, lange bevor die Eisenbahn und damit der Tourismus das abgelegene Tal eroberte. Der Überlieferung nach soll sogar Marie Antoinette, Tochter der Kaiserin Maria Theresia und spätere Königin von Frankreich, auf ihrer Brautfahrt von Wien nach Versailles im Mai 1770 hier übernachtet haben, genau wie der Dichterfürst Johann Wolfgang Goethe neun Jahre später.
Im Hintergrund der Karte sieht man das 1887 vollendete Viadukt, über das gerade eine Dampflokomotive fährt. Dagegen steht die Brücke im Zentrum der am 11. August 1909 abgestempelten Postkarte. Deutlich sichtbar ist die 144 Meter lange und 37 Meter hohe, leicht gebogene Brücke mit ihren vier gemauerten Sandsteinpfeilern und einer Stahlfachwerkkonstruktion. Nach nicht ganz 40 Jahren hatte das Bauwerk ausgedient, es entsprach nicht mehr den Anforderungen der Zeit und wurde abgerissen. Die

Hotel zum Sternen mit Ravennaviadukt, 1900.

Schwarzweiß-Ansicht zeigt den Neubau mit dem 47 Meter langen Ravennatunnel. Im Zuge der Errichtung des 224 Meter langen und 36 Meter hohen Steinbogenviadukts 1926/27 wurde die Strecke begradigt und um 38 Meter verkürzt, deutlich verringert wurde auch die Länge des sich direkt anschließenden Ravennatunnels. Die Einweihung der Brücke, deren Pfeiler aus Stampfbeton besteht und die bis zu 30 Meter tief im Erdreich verankert sind,

Ravennaviadukt im Höllental, 1909.

Neue Ravennabrücke, 1927.

fand am 14. Dezember 1927 statt. Viel gepriesen und als beliebtes Fotomotiv in alle Welt geschickt wurde das formschöne Bauwerk mit seinen neun Bögen und einer Bogenweite von jeweils 20 Metern. Im Zweiten Weltkrieg schützten Fesselballons das Viadukt vor alliierten Luftangriffen. Erst ein Sprengkommando der Wehrmacht vernichtete am 22. April 1945 die Schönheit und Funktionsfähigkeit der Brücke. Die mittleren Pfeiler brachen in sich zusammen und damit entstand eine Lücke von rund 100 Metern. Der mühsame Aufbau erfolgte ab Oktober 1946, vor allem, um Reparationsleistungen (Holz) aus dem Schwarzwald nach Frankreich transportieren zu können. Der reguläre Zugverkehr wurde im Dezember 1947 wieder aufgenommen. Auch das Ravennaviadukt hat eine Kuriosität zu bieten: Es ist die einzige beheizbare Brücke der Deutschen Bahn. Eine besonders magische Atmosphäre entsteht alljährlich an den vier Adventswochenenden, wenn unterhalb des 40 Meter hohen Bauwerks der beliebte Weihnachtsmarkt stattfindet.

Höllentalbahn mit Gutachbrücke bei Kappel, Postkarte 1907.

## KAPPEL - GUTACHBRÜCKE

Nach 17 Streckenkilometern – nach den Stationen Hinterzarten, Titisee und Neustadt – bildet die Gutachbrücke bei Kappel, einem Ortsteil von Lenzkirch, einen weiteren schmuckvollen Kunstbau. Das im Jahr 1900 vollendete Viadukt ist 141 Meter lang und 35 Meter hoch. Die Weite des mittleren Bogens beträgt 64 Meter; damit war das Bauwerk zur Entstehungszeit die Steinbogenbrücke mit der längsten Spannweite. Der Hauptbogen mit je vier Sparbögen in den Zwickeln wird eingerahmt von einem 16 Meter langen Bogen (mit Widerlager) im Osten, im Westen befinden sich vier unterschiedlich hohe Bögen mit einer Spannweite von je 7,5 Metern. Die aus verschiedenen Sandsteinarten und dekorativ gestaltete Brücke überbrückt das Tal der Gutach, die hier ihren Namen in Wutach (»wütende Ach«) ändert.

Höllentalbahn bei Döggingen/Schwarzwald, Postkarte von 1908.

## DÖGGINGEN - MAUCHACHTALBRÜCKE

Nach weiteren 25 Kilometern und Durchquerung des 535 Meter langen Dögginger Tunnels begegnet uns die Mauchachtalbrücke, die den gleichnamigen Fluss überspannt. Das ebenfalls formschöne Viadukt ist 150 Meter lang und 30 Meter hoch, es besteht aus sieben Sandsteinbögen. Vom Bahnhof Döggingen sind es nur noch wenige Kilometer nach Donaueschingen, der Endstation der Höllentalbahn. Durch Aufforstung und Wildwuchs stehen die beiden Brücken längst nicht mehr so frei wie auf den Postkarten, die am 8. September 1910 bzw. am 10. August 1908 als Urlaubsgrüße abgestempelt wurden.

# HUNSRÜCK-BAHNEN

## HUBERTUSVIADUKT

Ende des 19. Jahrhunderts wurden auch die abgelegenen Täler des Hunsrücks mit der Bahn erschlossen. Zu diesen Anschlüssen zählen die Hunsrückbahn (Boppard–Simmern) und die Hunsrückquerbahn (Langenlonsheim–Hermeskeil); für beide Strecken mussten zahlreiche Tunnel und Brücken gebaut werden. Das eingleisige Hubertusviadukt liegt auf der 1908 eröffneten Hunsrückbahn, nur drei Kilometer vom Hauptbahnhof Boppard und damit vom Anschluss an die linke Rheinstrecke (Mainz–Köln) entfernt.
Mit einer Länge von 150 Metern und einer Höhe von 50 Metern war sein Bau eine technische Meisterleistung; zu ihrer Zeit war sie die höchste Steinbogenbrücke im Deutschen Reich. Das majestätische Bauwerk aus rotem Sandstein überspannt mit sechs Bögen, die mit Backsteinen verblendet sind, die Hubertusschlucht. Deutlich sichtbar ist auf der Ansicht (1920) auch der getreppte Konsolenfries. Während der Abschnitt von Emmelshausen nach Simmern und damit der größte Teil der Strecke seit 1983 stillgelegt ist (auf einer Teilstrecke der 38 Kilometer besteht der Schinderhannes-Radweg), verkehren zwischen Boppard und Emmelshausen nach wie vor Regionalbahnen. Diese 15 Kilometer stellen die steilste (fahrplanmäßig betriebene) Eisenbahnstrecke in Deutschland dar; auf den ersten sechs Kilometern überwindet die Hunsrückbahn einen Höhenunterschied von 336 Metern.

Hubertusviadukt bei Boppard, 1920.

Hoxeler Viadukt über das Herchenbachtal/Hunsrück, 1927.

## HOXEL

Mindestens genau so eindrucksvoll ist das vergleichbare Viadukt bei Hoxel auf der (heutigen) Hunsrückquerbahn. Die Brücke wurde bereits 1903 mit der (damaligen) Hunsrückbahn (Langenlonsheim–Simmern–Hermeskeil), einer 110 Kilometer langen Nebenstrecke der Nahetalbahn (Bingen–Saarbrücken) in Dienst gestellt. Sie besteht aus acht Bögen mit einer Lichtweite von je 16 Metern und überspannt mit 160 Metern Länge und 42 Metern Höhe das Herchenbachtal. Die Brücke wurde im Dezember 1944 zunächst durch die alliierte Luftwaffe beschädigt, wenige Wochen später, nach Instandsetzung, Opfer des Nerobefehls. Erst ab August 1950 lief wieder der Personenverkehr, er endete im Mai 1976. Zwar ist das Hoxeler Viadukt eine der schönsten Eisenbahnbrücken im Hunsrück, doch seit Jahrzehnten verharrt es im Dornröschenschlaf.

Illerbrücke bei Illerbeuren/Bayern, um 1920.

Eisenbahnbrücke über den Neckar zwischen Jagstfeld und Bad Wimpfen (um 1925).

## ILLERBEUREN

Mit der eingleisigen Illerbrücke zwischen Illerbeuren und Lautrach/Unterallgäu begegnet uns eine weitere technische Meisterleistung des frühen 20. Jahrhunderts. Errichtet für die im Juni 1904 in Dienst gestellte und 18 Kilometer lange Strecke Memmingen–Legau (»Legauer Bähnle«) war sie damals die weitestgespannte Stampfbeton-Brücke der Welt. Das eingleisige Viadukt ist 90 Meter lang und 13 Meter hoch und die längste der sieben Eisenbahnbrücken auf dieser kurzen Strecke, die 1972 stillgelegt wurde. Bereits wenige Jahre später wurden die Gleise demontiert, heute dient die formschöne Brücke einem viel genutzten Rad- und Wanderweg, der Teil der Unterallgäuer Glückswege ist. Die außergewöhnliche Bogenbrücke ist sogar Vorbild für eine Modelleisenbahnbrücke im Miniatur-Wunderland in Hamburg.

## JAGSTFELD

Die idyllische Ansicht zeigt die rund 150 Meter lange Eisenbahnbrücke zwischen Jagstfeld und Bad Wimpfen (um 1925). Die zweigleisige und 25 Kilometer lange Strecke von Neckargemünd–Meckesheim–Sinsheim nach Jagstfeld, auch Westliche Gabelbahn genannt, war 1869 fertiggestellt. 1933 entstand durch den Zusammenschluss der Orte Jagstfeld und Kochendorf die heutige Stadt Bad Friedrichshall, die einst ein wichtiger Eisenbahnknotenpunkt war; hier trafen die Großherzoglich Badischen Staatseisenbahnen und die Königlich Württembergischen Staatseisenbahnen aufeinander. Die gusseiserne Neckarbrücke, Anfang Februar 1945 bei einem alliierten Luftangriff schwer beschädigt, wurde im November 1952 in ihrer heutigen Form als Stahlbalkenbrücke (mit Fußgänger- und Radweg) wieder eröffnet.

Eisenbahnbrücke bei Kellinghusen (Kreis Steinburg), 1924.

## KELLINGHUSEN (KREIS STEINBURG)

Verglichen mit der vorherigen und der folgenden Ansicht handelt es sich hier um eine sehr bescheidene Eisenbahnbrücke, die eher einem Fußsteg gleicht. Tatsächlich aber überführte diese eingleisige Brücke mit Metallgeländer den mittleren Lauf des Flusses Stör bei Kellinghusen. Die Kleinstadt liegt 14 Kilometer östlich von Itzehoe und war von 1889 bis 1975 im Personenverkehr an die 22 Kilometer lange Strecke Wrist–Itzehoe angebunden (der Güterverkehr endete 1995). Wichtigster Unterwegshalt war Kellinghusen. Von Wrist bestand Anschluss nach Hamburg-Altona, in Itzehoe traf die Nebenbahn auf die Marschbahn (Elmshorn–Westerland/Sylt). Ein Teil der Bahnstrecke wurde zu einem Radweg umgewidmet, andere ehemalige Bahnanlagen sind längst beseitigt, längst verschwunden ist ebenso die beschauliche Eisenbahnbrücke über die Stör.

# KEMPTEN/ALLGÄU

Diese Karte, am 22. Juni 1940 abgestempelt und mit dem originellen Werbestempel »Ohne Zeitung lebt man auf dem Mond« versehen, stellt eine Besonderheit dar. Zu sehen sind drei Brücken, die alle als Eisenbahnbrücken errichtet wurden. Im Hintergrund steht die dreigliedrige und 122 Meter lange und 30 Meter hohe Holzbrücke, die 1851 für die Ludwig-Süd-Nord-Bahn fertiggestellt wurde. Von Anfang an zweigleisig war sie ein südliches Teilstück der seit 1854 komplett befahrbaren und 566 Kilometer langen Strecke, die sich durch ganz Bayern zog. Ursprünglich in Fachwerkbauweise mit zwei parallelen Überbauten errichtet, ist sie europaweit die älteste Holzbrücke, die nach dem US-amerikanischen Ingenieur William Howe konstruiert ist. Bereits seit 1911 diente sie dem Straßenverkehr, heute wird sie nur noch als Radweg- und Fußgängerbrücke genutzt. Trotz ihrer Beschädigung im Zweiten Weltkrieg und anschließenden Veränderung ist sie einmalig und gilt als besonderes Bauwerk; seit 1988 ist sie nach König Ludwig I. benannt.

Da nicht stark belastbar und daher ab Mitte der 1880er Jahre noch eingleisig betrieben, entstanden zwischen 1904–1906 etwas südlich die beiden Oberen Illerbrücken, die als größte Stampfbetonbrücken in die Architekturgeschichte der Eisenbahn eingegangen sind. Das nördliche der beiden Viadukte war viergleisig und führte zum ehemaligen Sackbahnhof, wo Nebenstrecken Station machten bzw. die Hauptbahn aus Neu-Ulm endete. Über die südliche Brücke mit ihren zwei Gleisen (hier im Vordergrund abgebildet) wurde der Fernverkehr und der Güterverkehr bedient. Beide Bogenbrücken sind 155 Meter lang und 36 Meter hoch. Mit der Inbetriebnahme des Hauptbahnhofs Kempten 1969 wurde das nördliche Viadukt zur Straßenbrücke umgebaut. Mit der idyllischen Iller im Vordergrund ist diese außergewöhnliche Brückenkonstruktion ein beliebtes Fotomotiv eines jeden Allgäu-Besuchers.

Eisenbahnbrücken über die Iller bei Kempten/Allgäu, 1940.

Kempten i. Allgäu - Jller - Eisenbahnbrücken

Eisenbahnbrücke über den Main bei Kitzingen/Nordbayern, um 1930.

## KITZINGEN

Bis zur Ausführung des Nerobefehls und damit ihrer Sprengung Anfang April 1945 stand diese alte Mainbrücke südlich der Altstadt von Kitzingen. Mit ihren Steinpfeilern und untenliegenden parabelförmigen Gitterträgern verband die 184 Meter lange Brücke die Strecke Fürth–Würzburg, die auf ihren 95 Kilometern ab 1865 vollständig befahrbar war. Im Jahr 1950 wurde das heutige Bauwerk aus Stahl im typischen Stil der Zeit errichtet. Die zweigleisige, teilweise dreigleisig ausgebaute Nord-Süd-Trasse gehört zu den wichtigsten Strecken im deutschen Schienenverkehr, bereits 1954 war sie elektrifiziert.

Kombinierte Eisenbahn- und Straßenbrücke bei Konstanz, 1935.

## KONSTANZ

Blick auf die Altstadt von Konstanz. Rechts im Bild sieht man die (alte) Rheinbrücke, die 1860 für den Straßenverkehr und im Juni 1863 für die zweigleisige Strecke der Badischen Hauptbahn (Mannheim–Heidelberg–Karlsruhe–Offenburg–Freiburg–Basel–Singen–Konstanz) eröffnet wurde (die Bahn überquerte die Brücke neben dem hier sichtbaren Fußgängerüberweg). Die 128 Meter lange und 18 Meter breite Steinbogenbrücke aus rotem Sandstein hatte drei Öffnungen mit Stützweiten von je rund 43 Metern. Zwischen 1936 und 1938 wurde die Gesamtbreite der Brücke zugunsten der Straßenfahrbahn auf 30 Meter verbreitert, das zweite Gleis wurde zurückgebaut. Bei diesem Umbau wurden die hier sichtbaren Heiligen-Statuen an den Rheinsteig versetzt. Im Gegensatz zu vielen anderen Brücken blieb die Seerheinbrücke im Zweiten Weltkrieg erhalten. Bei einer weiteren Baumaßnahme 1956/57 wurde die Fahrbahn erneut verbreitert. Über die eingleisige und elektrifizierte Brücke verläuft die 144 Kilometer lange Hochrheinbahn (Basel–Konstanz), die zu den schönsten Strecken Baden-Württembergs zählt.

Eisenbahnviadukt der Main-Neckar-Bahn bei Ladenburg/Baden, um 1970.

Eisenbahnbrücke bei Löbau/Sachsen, Karte von 1916.

## LADENBURG

Ladenburg, älteste Stadt Deutschlands rechts des Rheins, war seit 1846 an die Hauptstrecke Frankfurt–Heidelberg (Main-Neckar-Bahn) angeschlossen. Die steinerne Bogenbrücke wurde jedoch erst 1848 eröffnet. Zunächst bestand eine Holzfachwerkbrücke mit geringer Tragfähigkeit, über die deshalb zunächst die Passagiere zu Fuß gehen mussten, dann wurden die Wagen per Hand über die Brücke geschoben, schließlich folgte die Zuglok im Schritttempo – ohne dass die Brücke einstürzte. Ab 1860 war die landschaftlich reizvolle Strecke zweigleisig befahrbar. Das rund 210 Meter lange Viadukt mit seinen sieben Bögen überquert hier zwischen Heidelberg und Mannheim den Neckar. Auch diese Brücke aus rotem Buntsandstein wurde 1945 gesprengt, drei Jahre später wurde sie originalgetreu wieder hergestellt.

## LÖBAU

Auch Brücken haben ihre Schicksale, die berühren: Die Kleinstadt Löbau/Oberlausitz, zwischen Bautzen und Görlitz gelegen, war bereits seit Juli 1847 an die rund 100 Kilometer lange zweigleisige Hauptstrecke Dresden–Görlitz angeschlossen. Zur Überquerung der Löbau, eines rechten Nebenflusses der Spree, entstand nördlich der Löbauer Altstadt das 190 Meter lange Viadukt mit seinen neun Steinbögen. An Weihnachten 1854 stellte ein Müller, der unterhalb der Brücke eine Mühle betrieb, einen Riss in einem Pfeiler fest. Tatsächlich vergrößerte sich dieser und am Neujahrstag 1855 brach der Pfeiler in sich zusammen, dabei riss er den benachbarten Pfeiler mit sich in die Tiefe, ein weiterer musste gesprengt werden und dabei gingen noch zwei Stützpfeiler zu Bruch, letztlich lagen sechs der insgesamt acht Pfeiler zerstört in der Löbau. Daraufhin beging der Baumeister der Brücke Selbstmord. Die Inbetriebnahme des originalgetreu errichteten Neubaus fand schon im Oktober 1855 statt. Hätten nicht Pioniere der Wehrmacht das 29 Meter hohe Bauwerk am 7. Mai 1945, einen Tag vor offiziellem Kriegsende, gesprengt, könnte dieses Viadukt aus der Frühzeit der Eisenbahngeschichte noch heute stehen. Während ein Gleis als Reparationslieferung an die Sowjetunion abgegeben werden musste, entstand ein Provisorium, das erst 1984/85 durch einen Neubau im ursprünglichen Stil ersetzt wurde. Als weitere Sehenswürdigkeit von Löbau zeigt die am 7. Juni 1916 als Feldpost abgestempelte Karte den 28 Meter hohen gusseisernen Friedrich-August-Turm von 1854.

Eisenbahnbrücke bei Ludwigsburg/Württemberg, Feldpostkarte von 1915.

Trogenbachviadukt bei Ludwigsstadt/Oberfranken, 1922.

## LUDWIGSBURG

Die Postkarte, am 19. August 1915 als Feldpost abgestempelt, zeigt im Vordergrund die Bahnstrecke nach Heilbronn (mit Weiterführung nach Würzburg), die, ab 1846 von Stuttgart kommend, in den 1860er Jahren in Etappen eröffnet wurde. Bei der Brücke handelt es sich um eine einfache Überquerung der Asperger Straße, im Hintergrund ist die evangelische Stadtkirche zu entdecken. Die längst ausgebauten Gleisanlagen und der Hauptbahnhof befinden sich rechts, außerhalb der Ansicht. Über die Brücke verläuft heute der S-Bahn-Verkehr nach Bietigheim und der Regionalverkehr nach Heilbronn–Würzburg.

## LUDWIGSSTADT

Von ganz anderem Charakter als die bescheidene Eisenbahnbrücke in Ludwigsburg ist das Trogenbachviadukt bei Ludwigsstadt/Oberfranken, eine Kombination aus Steinbogen- und Balkenkonstruktion. Im Jahr 1885 eingleisig fertiggestellt (ab 1890 zweigleisig verlegt) bildet es ein 200 Meter langes Teilstück der 53 Kilometer langen Bahnstrecke von Hochstadt/Main–Marktzeuln nach Probstzella (Frankenwaldbahn), die von Bayern nach Thüringen führt. Sie bildet einen Abschnitt der bis Ende 2017 überregional bedeutenden Trasse Berlin–Leipzig–Nürnberg–München. Die Karte zeigt den Zustand mit der dreiteiligen untenliegenden eisernen Fachwerkkastenkonstruktion, kurz bevor diese 1923/24 durch Fischbauchträger ersetzt wurden. Komplett dargestellt ist die Brücke mit ihren vier gemauerten Steinbögen am Südhang und dem Steinbogen am Nordhang; die lichte Weite der Bögen beträgt 14,5 Meter; dazwischen liegt der 32 Meter lange Fachwerkträger, 26 Meter über dem Trogenbach, einem kleinen Flüsschen, das in Ludwigsstadt in die Loquitz mündet. Mutiges Auftreten eines Bürgers verhinderte die Ausführung des Nerobefehls am Ende des Zweiten Weltkrieges, so dass das seit 1940 elektrifizierte Bauwerk noch heute existiert. Neben diesem ortsbildprägenden Bauwerk steht die evangelische Pfarrkirche St. Michael.

Hubbrücke Lübeck, Ansichtskarte von 1910.

## LÜBECK (HUBBRÜCKE)

Mit dem Bau des Elbe-Lübeck-Kanals entstand auch die bewegliche Hubbrücke im Norden der Altstadt, die am 16. Juni 1900 in Anwesenheit von Kaiser Wilhelm II. eingeweiht wurde. Das rund 45 Meter lange Stahlbauwerk konnte durch Heben der Überquerung eine größere Durchfahrtshöhe für Schiffe gewährleisten. Die Hubbrücke bestand ursprünglich aus drei einzelnen Tragwerken, für den Fußgängerverkehr (hier im Vordergrund sichtbar), für den Straßenverkehr und für den eingleisigen Bahnverkehr. Der massive, 25 Meter hohe Brückenturm wurde im Stil der norddeutschen Backsteingotik errichtet. Seit etlichen Jahren sind die Brückenteile für den Straßen- und Fußbetrieb wegen Baufälligkeit außer Betrieb bzw. abgetragen, der Eisenbahnteil wurde 2009 stillgelegt und ruht seitdem in gehobenem Zustand, da die Lübecker Hafenbahn in diesem Bereich nicht mehr tätig ist. Auch wenn die Brücke funktionslos ist, gilt sie als technisches Denkmal, das unter besonderem Schutz steht und das ein beliebtes Foto- und Filmmotiv ist, etwa in der Serie »Morden im Norden«.

Flugaufnahme der Eisenbahnbrücke über die Elbe bei Magdeburg, 1929.

## MAGDEBURG

Die Luftbildaufnahme (1929) zeigt links im Bild den Hafen, den Hafenbahnhof, den Dom und die Altstadt von Magdeburg; im Vordergrund ist die 1848 als Drehbrücke errichtete und 1895 zur Hubbrücke umgebaute Eisenbahnbrücke über die Elbe zu sehen. Über diese technische Meisterleistung führte einst die Strecke Potsdam–Magdeburg. Die eingleisige Brücke mit stählernem Fachwerküberbau ist insgesamt 220 Meter lang. Nach Umbauten 1912/1914 bestand sie aus fünf unterschiedlich hohen Pfeilern, aus einem ca. 60 Meter langen Überbau auf westlicher Seite, der rund 40 Meter langen Hubbrücke mit einer Durchfahrtshöhe von 33 Metern, einem weiteren Überbau von 60 Metern und drei je etwa 20 Meter langen Überbauten auf der östlichen Uferseite. Bereits 1875 verlor das Bauwerk an Bedeutung, da der Bahnverkehr nun über die vier Kilometer stromabwärts erbaute Herrenkrug-Eisenbahnbrücke geleitet wurde. Die Brücke erfuhr mehrere Umbauten, die heutige Form stammt aus dem Jahr 1933. Auch diese war im Frühjahr 1945 von Sprengungen betroffen, ein Jahr später wurde sie instandgesetzt. Rund 120 Jahre nur vom Güterverkehr auf der zwölf Kilometer langen Strecke Biederitz–Magdeburg-Buckau genutzt, wurde diese Verbindung 1998 stillgelegt. Der außergewöhnliche Bau dient seitdem nur noch als Fußgängerbrücke, ist aber nach wie vor ein beeindruckendes Wahrzeichen der Stadt und der Ingenieurskunst der Industrialisierung.

Eisenbahnbrücke über den Neckar bei Marbach, Karte von 1925.

## MARBACH/NECKAR

Marbach am Neckar, bekannt als Geburtsort des Schriftstellers Friedrich Schiller, erhielt im Dezember 1879 Anschluss an die 25 Kilometer lange Strecke Backnang–Ludwigsburg (Murrtalbahn). Herzstück dieser teils eingleisigen Verbindung war das 345 Meter lange und 26 Meter hohe Viadukt, eine Gitterträgerkonstruktion, die den Neckar zwischen Benningen und Marbach überquerte. Mehrfach ein Ziel alliierter Luftangriffe gegen Ende des Zweiten Weltkrieges und daher schwer beschädigt, setzte ein Sprengkommando der Wehrmacht am 20. April 1945 der Brücke ein Ende. Bereits bis 1947 erfolgte eine Rekonstruktion, die 1979/80 durch einen modernen, 355 Meter langen Hohlkastenbau aus Stahl abgelöst wurde. Hintergrund dieser Baumaßnahme war der zweigleisige Ausbau und die Elektrifizierung der Bahnstrecke sowie die Einbindung in das S-Bahn-Netz (Stuttgart–Ludwigsburg–Marburg) im September 1980. Seit dem 8. Dezember 2012 verkehren die Züge der S-Bahn-Linie 4 über Marbach hinaus bis Backnang.

Viadukt mit Zwergen: Märchenpark Gogarten bei Marienheide/Bergisches Land, 1965.

## MARIENHEIDE/MÄRCHENPARK

Bei diesem Motiv ist ein genaues Hinsehen erforderlich. Auf den ersten Blick fällt ein massives Viadukt ins Auge, ebenso ein gigantischer Bahnhof. Doch vor der Szenerie und als Reisende auf dem kleinen Güterzug tummeln sich Zwerge. Diese fantasievolle Landschaft gab es wirklich: im Märchenpark Gogarten bei Marienheide/Bergisches Land. Bereits 1933 eröffnet, war dieser Märchenpark vor allem für die staunenden Kinder eine besondere Attraktion. Überall begegnete man Zwergen und bekannten Märchenfiguren. Die Miniatur-Eisenbahn wurde Mitte der 1960er Jahre eröffnet, als der Park seine Fläche auf 13.000 Quadratmeter vergrößerte. Über viele Jahre hinweg war das kunterbunte Märchenparadies ein Publikumsmagnet, auch dank der günstigen Anbindung: Damals gab es in Gogarten einen eigenen Haltepunkt auf der 31 Kilometer langen Wippertalbahn (Bergisch-Born–Wipperfürth-Marienheide); es existierte sogar eine Direktverbindung vom Kölner Hauptbahnhof. Doch bereits mit der Eröffnung des nahe gelegenen Freizeitparks Phantasieland bei Brühl (1967), schließlich dem Tod des Inhabers Hermann Schmitz (1981) und der Aufgabe des Haltepunktes Gogarten (1982) gingen die Besucherzahlen zurück; 1984 fuhr die letzte Bahn über dieses Viadukt, der Märchenpark wurde geschlossen.

Eisenbahnviadukt bei Marnheim/Pfalz, im März 1945 gesprengt, die Steinbögen (rechts) blieben erhalten.

## MARNHEIM/PFALZ

Nicht nur einmal kommt es vor, dass in der Pfalz stationierte US-Soldaten ungläubig vor dem Viadukt in Marnheim/Donnersbergkreis stehen und denken, ein römisches Bauwerk stünde hier, etwa das Relikt eines Aquädukts oder ein Triumphbogen für einen spätrömischen Kaiser. Doch so alt, wie die Reste dieser Eisenbahnbrücke wirken, sind sie nicht und römisch ist einzig die erkennbare Jahreszahl MDCCCLXXII. 1872 begonnen und 1874 vollendet, verlief hier einst über das 260 Meter lange und 30 Meter hohe Pfrimmtalviadukt die Donnersbergbahn, die eine wichtige Verbindung zwischen Kaiserslautern und Mainz darstellte. Der nördliche, freistehende und 45 Meter breite Steinbogenbrückenrest ist noch heute ein eindrucksvolles Zeugnis der Eisenbahngeschichte der Pfalz im frühen Kaiserreich. Nun konnte man von Marnheim in die weite Welt gelangen, zumindest nach Kaiserslautern und Worms sowie ins rheinhessische Alzey und von dort bis nach Mainz, auch eine eingleisige Anschlussstrecke nach Kirchheimbolanden existierte. Wie damals bei Zweckbauten üblich, hatten die Baumeister Wert auf ihre Arbeit gelegt und den Torbau kunstvoll verziert. Doch am 20. März 1945 sprengten Pioniere der Wehrmacht auch diese imposante Brücke, die hauptsächlich aus einer Gitterträgerkonstruktion mit obenliegender Fahrbahn bestand, die auf drei eisernen Pfeilern ruhte. Damit war die Verbindung nach Alzey gekappt. Bestrebungen in den 1950/60er Jahren, das Viadukt bzw. die Bahnstrecke zu rekonstruieren, scheiterten an den Kosten. Das unter Denkmalschutz stehende Monument gilt heute als »Tor zum Zellertal«, das zwischen dem 687 Meter hohen Donnersberg und der weiten Rheinebene liegt.

# MARSCHBAHN ELMSHORN–WESTERLAND/SYLT

## HUSUM

Gegen Ende des 19. Jahrhunderts hatte sich Elmshorn zu einem wichtigen Verkehrsknoten in Schleswig-Holstein, damals eine preußische Provinz, entwickelt. Ausgehend von der Industrialisierung und einem rasch zunehmenden Bevölkerungsanstieg hatte die Stadt Anschluss an die Bahnstrecken Hamburg-Altona–Kiel und nach Bad Oldesloe. Bereits 1845 war eine Verbindung in das 17 Kilometer entfernte Glücksstadt geschaffen worden; diese Strecke war Ausgangspunkt der späteren und in Etappen verlegten Marschbahn nach Westerland/Sylt. Zu den besonderen Streckenabschnitten gehören aufgrund ihrer meisterhaften Ingenieursbauten die Hochbrücke bei Hochdonn (1920) über den Nord-Ostsee-Kanal, der Hindenburgdamm (1927) und die Klappbrücke bei Husum. Beim zweigleisigen Ausbau der Hauptstrecke Husum–Niebüll im Jahr 1910 wurde auch die bislang eingleisige Klappbrücke von 1887 durch das hier abgebildete Bauwerk in Stahlbauweise ersetzt. Sie überquerte nördlich des Bahnhofes die Husumer Au und damit die Hafenanlagen und galt bei ihrer Inbetriebnahme als größte Klappbrücke Deutschlands. Mit der Demontage eines Brückenteils 1963 wurde die Strecke nur noch eingleisig befahren, 1979 wurde eine neue Hydraulikbrücke in Dienst gestellt, über die bis heute der Regional- und der Fernverkehr läuft.

Klappbrücke der Marschbahn bei Husum (Aufnahme um 1920).

6-Pf.-Briefmarke »Reichspräsident Paul von Hindenburg«, Namensgeber des Hindenburgdamms, abgestempelt am 1. August 1939 in Westerland/Sylt.

D-Zug auf dem Hindenburgdamm Richtung Westerland/Sylt, 1934.

## HINDENBURGDAMM

Der elf Kilometer lange Eisenbahndamm, der die Insel Sylt/Nordfriesland mit dem schleswig-holsteinischen Festland verbindet, ist zwar im klassischen Sinne keine Brücke, erfüllt aber deren Funktion. Am 1. Juni 1927 eingeweiht und nach dem damaligen Reichspräsidenten Paul von Hindenburg benannt, gehört er als Teilstück zur 230 Kilometer langen Marschbahn (Hamburg–Elmshorn–Westerland/Sylt), auf einer Länge von acht Kilometern verläuft der Hindenburgdamm durch das Nordfriesische Wattenmeer. Seit 1972 ist er zweigleisig ausgebaut, nicht aber elektrifiziert. Über den Damm verlaufen der Autozug- und Regionalverkehr Hamburg–Niebüll–Westerland sowie IC-Verbindungen von Stuttgart, Köln und Berlin, in der Urlaubssaison verkehrt zusätzlich der Alpen-Sylt-Nachtexpress (von bzw. nach Salzburg). Die Postkarte stammt aus dem Jahr 1934 und ist frankiert mit einer Briefmarke, die den Namensgeber zeigt, der bei Eröffnung des Dammes anwesend war.

Eisenbahnbrücke bei Mittenwald/Bayern, Postkarte von 1913.

Zschopautal-Viadukt bei Mittweida/Erzgebirge, Ansichtskarte von 1914.

## MITTENWALD

Welch idyllische Ansicht aus längst vergangenen Tagen. Blick (1913) auf das Karwendelgebirge und damit auf die deutsch-österreichische Grenze, im Tal liegt die damals rund 2.500 Einwohner große Gemeinde Mittenwald, im Zentrum ist die barocke Kirche St. Peter und Paul zu erkennen. Im Vordergrund präsentiert sich das neue (an den Hängen noch unbegrünte) Viadukt der eingleisigen Mittenwaldbahn. Diese 56 Kilometer lange Strecke verbindet Garmisch-Partenkirchen (über Mittenwald) mit Innsbruck. Die auf ganzer Länge im Oktober 1912 eröffnete und ab 1913 komplett elektrifizierte Strecke war sehr kostenintensiv, da insgesamt 16 Tunnel, umfangreiche Stützmauern und zahlreiche Stampfbeton-Brücken wie das hier abgebildete 40 Meter lange Mittenwald-Viadukt errichtet werden mussten. Die Isar, links im Bild zu erkennen, ist noch jung, erst 25 Kilometer hat sie von ihrem Quellort zurückgelegt. Die Mittenwaldbahn brachte den Tourismus in die bislang abgelegene Gegend, schnell wuchs das heute rund 7.500 Einwohner große Mittenwald zu einem begehrten Luftkurort, dessen Bebauung sich bald auf die Gebiete links der Isar und der Bahnstrecke ausbreitete.

## MITTWEIDA/ERZGEBIRGE

Die sächsische Kleinstadt Mittweida ist schon seit 1852 an die Bahnstrecke Riesa–Chemnitz angeschlossen. Da jedoch einige Mühlen und holzverarbeitende Unternehmen abseits im Zschopautal lagen, entstanden zwischen 1906 und 1908 auf Initiative der Sächsischen Industriebahn-Gesellschaft die Nebenbahnen nach Dreiwerden und Ringethal. Die sechs Kilometer lange Strecke zur damals bedeutenden »Papierfabrik F. E. Weidenmüller« (spätere »VEB Papierfabrik Dreiwerden«) führte über das hier abgebildete eingleisige Zschopautal-Viadukt, das den gleichnamigen Fluss überquert. Die noch heute vorhandene Gitterträgerbrücke mit ihren drei Öffnungen, die ausschließlich dem Güterverkehr diente, ist 134 Meter lang, elf Meter hoch und drei Meter breit. Nach der endgültigen Stilllegung der Strecke 1997 wurden die Gleise beseitigt. Die anmutige Karte wurde Ende Juni 1914 und vier Wochen vor Beginn des Ersten Weltkrieges in Mittweida abgestempelt; ihr Ziel war Düsseldorf.

Eisenbahnbrücke der Rheinhessenbahn (Worms–Bingen) bei Monsheim, um 1930.

## MONSHEIM

Eine kleine, unscheinbare Eisenbahnbrücke, rund 30 Meter lang und längst überwuchert, bietet nichts Spektakuläres, keine dekorativen Elemente, keine technischen Innovationen und doch erfüllt sie seit ihrem Bestehen (1868) ihren Zweck: Sie überquert die Pfrimm, einen 43 Kilometer langen linken Nebenfluss, der bei Worms in den Rhein mündet. Die eingleisige Steinbogenbrücke steht am westlichen Ortsrand von Monsheim im südlichen Rheinhessen, nahe der Grenze zur Pfalz. Durch diese liebliche Landschaft, die weitgehend von Weinbergen geprägt ist, verläuft (durchgehend) seit 1870 die 63 Kilometer lange Strecke Worms–Alzey–Bingen (Rheinhessenbahn). Sie gehört zu den rund 13.000 Kilometern des deutschen Bahnnetzes, die noch nicht elektrifiziert sind.

# Muldentalbahn Glauchau–Wurzen

## ROCHLITZ

Zu den zahlreichen Eisenbahnstrecken in Sachsen gehörte auch die 82 Kilometer lange Muldentalbahn (Glauchau–Wurzen), die in Etappen zwischen Mai 1872 und Juni 1877 in Betrieb genommen wurde. Zunächst eine Hauptbahn, ab 1924 Nebenbahn, wurde die Strecke ab Ende der 1990er Jahre für den Güter-, dann auch für den regulären Personenverkehr stillgelegt. Heute werden Teile der eingleisigen Strecke für den Mulderadweg bzw. für den touristischen Eisenbahnverkehr (u.a. Schienentrabi) genutzt. Auf halber Strecke liegt die rund 6000 Einwohner große Stadt Rochlitz, die zu DDR-Zeiten für die Produktion von Rundfunkgeräten (VEB Stern Radio Rochlitz) bekannt war. Das hier abgebildete 256 Meter lange Viadukt wurde 1875 vollendet. Es hat drei Stromöffnungen, das original erhaltene Mittelstück über dem Flussbett besteht aus drei je 33 Meter langen Fachwerkträgern, die Pfeiler aus Sandstein. Die Tragwerke an den Uferbereichen wurden 1937 durch Eisenbetonkonstruktionen ersetzt. Da im Krieg nicht zerstört, ist das stadtbildprägende Bauwerk von besonderem Denkmalwert. Im Hintergrund ist die spätgotische Petri-Kirche zu sehen.

Eisenbahnbrücke der Muldentalbahn/Sachsen bei Rochlitz, Karte um 1910.

Eine weitere Eisenbahnbrücke der Muldentalbahn bei Colditz, 1934.

Das Göhrener Viadukt (Strecke Neukieritzsch–Chemnitz) mit der Muldentalbahn, Postkarte von 1910.

## COLDITZ

Etwa fünf Kilometer südlich von Rochlitz: Diese Ansichtskarte, als Bahnpost zwischen Leipzig und Chemnitz am 18. Mai 1934 abgestempelt, präsentiert Vergangenheit: Längst verschwunden sind die Dampflokomotiven, auch die Eisenbahnstrecke ist außer Betrieb, sogar der 1888 auf dem Burgberg bei Lastau errichtete Aussichtsturm wurde wenige Tage vor dem offiziellen Ende des Zweiten Weltkrieges durch US-amerikanische Soldaten zerstört. Diese 116 Kilometer lange Brücke der Muldentalbahn befindet sich zwischen Colditz an der Zwickauer Mulde und Lastau, heute ein Stadtteil dieser sächsischen Kleinstadt. Dieser Streckenabschnitt (Rochlitz–Großbothen) wurde 1875 eröffnet, damit auch die Brücke mit ihren drei Halbparabelträgern sowie ihren zwei gemauerten Flusspfeilern und den massiven Widerlagern.

## GÖHREN

Auch das Göhrener Viadukt liegt an der Muldentalbahn, allerdings unterführt es die Strecke, ist also nicht Teil dieser Nord-Süd-Verbindung durch Mittelsachsen. Das imposante Bauwerk wirkt auf den ersten Blick wie ein römisches Aquädukt, doch errichtet wurde es erst zwischen 1869 und 1871 mit dem Bau der im April 1871 eröffneten Bahnstrecke Neukieritzsch–Chemnitz. Zwar war es bereits seit 20 Jahren möglich, per Bahn von Leipzig in die Industriemetropole Chemnitz zu gelangen, doch nur über Riesa. Die neue, 62 Kilometer lange Strecke bedeutete eine erhebliche Abkürzung, allerdings auch die Überwindung des Muldentales an mehreren Stellen. Das ursprünglich 512 Meter lange Viadukt aus Granit liegt zwischen den Gemeinden Wechselburg und Lunzenau, genauer im Wechselburger Ortsteil Göhren, daher die Bezeichnung. Unter dem Viadukt verlief die ab 1875 eröffnete Muldentalbahn, die heute weitgehend stillgelegt ist bzw. nur für Sonder- und Draisinenfahrten genutzt wird. Infolge von Sanierungsarbeiten und damit der Verfüllung mehrere Bögen an den Brückenenden Mitte der 1980er Jahre hat die heutige Brücke eine Länge von nur noch rund 380 Metern; zwölf Bögen sind noch sichtbar, wobei die Lichtweite des größten Bogens 16 Meter beträgt. Noch immer wirkt das zweigleisige Steinbogenviadukt mit seinen zwei Etagen eindrucksvoll. Nach Sanierungsarbeiten zur Jahrtausendwende können die Züge zwischen Leipzig und Chemnitz ohne Lasteinschränkung und mit der zulässigen Streckengeschwindigkeit von 160 km/h verkehren.

# Murgtalbahn

## WEISENBACH

Auf der Postkarte von Weisenbach im Murgtal wird neben der Ortsansicht (um 1920) die Eisenbahnbrücke hervorgehoben, d.h. in Ermangelung weiterer Sehenswürdigkeiten als besonderes Bauwerk dargestellt. Die Gemeinde im Nordschwarzwald liegt mitten zwischen Rastatt und Freudenstadt. Bereits seit 1894 besaß sie einen Anschluss an die badische Nebenbahn Gernsbach–Rastatt, wegen der in Weisenbach ansässigen Papierfabriken war diese Strecke wirtschaftlich bedeutend. Ab 1907 wurde die Strecke nach Forbach erweitert, für diese sechs Kilometer mussten Höhenunterschiede überwunden und Kunstbauten errichtet werden. In diesem Zusammenhang entstand auch die einbogige Stahlkonstruktion zwischen Weisenbach und Au. Bei Baubeginn der Murgtalbahn war diese aufgrund der Topografie schwierige Streckenführung ein Gemeinschaftsprojekt der Badischen und Württembergischen Staatsbahnen. Komplett befahrbar war die Strecke erst ab Juli 1928 und damit eine Bauangelegenheit der 1920 gegründeten Deutschen Reichsbahn. Auch die hier abgebildete Brücke wurde ein Opfer des Nerobefehls am Ende des Zweiten Weltkrieges. Zwei Jahre nach ihrer Sprengung rollten wieder Züge über das eingleisige Viadukt, das inzwischen durch einen Neubau aus Gittertragwerk ersetzt wurde. 1966 endete auf der landschaftlich schönen, teils schluchtartigen Murgtalbahn der Dampflokbetrieb, seit 2004 ist die gesamte Strecke an das Karlsruher Stadtbahnsystem angeschlossen.

Eisenbahnbrücke der Murgtalbahn/Schwarzwald bei Weisenbach, Ansichtskarte von 1920.

Tennetschlucht-Viadukt auf der Murgtalbahn bei Forbach, Ansicht von 1934.

## FORBACH

Mit Eröffnung der Strecke von Weisenbach nach Forbach (1910) entstand auch das Tennetschlucht-Viadukt zwischen Langenbrand und Gausbach, das ebenfalls die Murg, einen 80 Kilometer langen rechten Nebenfluss des Rheins, überspannt. Die Bauarbeiten hatten sich jahrelang hingezogen, da auf diesen wenigen Kilometern nicht nur diese Brücke, sondern auch sieben Tunnel errichtet werden mussten. Die 183 Meter lange, 27 Meter hohe und rund sechs Meter breite Kreisbogenbrücke gehört zu den wenigen original erhaltenen Steinbrücken und ist nicht nur bei Eisenbahnromantikern ein beliebtes Fotomotiv.

Dampf und Schornsteine – eine typische Impression aus dem Ruhrgebiet, hier die Eisenbahnbrücke bei Mühlheim (1920).

## MÜHLHEIM/RUHR

Auf der Ansicht (um 1920) ist einer der beiden Eisenbögen der Eisenbahnbrücke von Mühlheim zu sehen, die die Ruhr überbrücken. Errichtet wurde das Viadukt 1864/65 im Auftrag der Rheinischen Eisenbahn-Gesellschaft für die 76 Kilometer lange Strecke vom linksrheinischen Osterath nach Dortmund-Süd, die vor allem für den Güterverkehr genutzt wurde. Eingebettet ist die einst zweigleisige Ruhrbrücke von der Vorlandbrücke westlich der Ruhr und dem aus 39 Bögen bestehenden Stadt-Viadukt, einem gigantischen Bauwerk, das aus einer Million Ziegelsteinen besteht. Die eigentliche Ruhrbrücke mit ihren insgesamt drei Bögen, die sich unterhalb der Fahrbahn befanden, wurde 1926 zum heutigen Bauwerk (drei parabelförmige Fachwerkbögen unterhalb der Fahrbahnebene) umgebaut. Ebenfalls betroffen vom Nerobefehl 1945, dann rekonstruiert, wurde die Strecke 2002 stillgelegt. Seit 2019 fungiert das insgesamt 1200 Meter lange und acht Meter breite stadtbildprägende Bauwerk als Teil des 115 Kilometer langen Radschnellwegs Ruhr, der von Moers nach Hamm geplant ist.

# Nord-Ostsee-Kanal

## Grünental

Den rund 100 Kilometer langen Nord-Ostsee-Kanal (NOK) in Schleswig-Holstein, 1895 als Kaiser-Wilhelm-Kanal in Betrieb genommen, überspannen insgesamt zehn Brücken, von denen zwei dem reinen Eisenbahnverkehr dienen. Zwei weitere sind kombinierte Eisenbahn- und Straßenbrücken, zu diesen gehört auch die Grünentaler Hochbrücke. Benannt nach dem Beldorfer Ortsteil Grünental wurde sie 1891/92 und damit als erste der Hochbrücken über den Kanal für die Bahnstrecke Neumünster–Heide errichtet. Die hier abgebildete schmiedeeiserne Bogenbrücke war, wie auch die anderen Brücken über den NOK, 42 Meter hoch und gehörte, gemessen an ihrer Spannweite von 156 Metern, zu den fünf größten Bogenbrücken weltweit. Die sechs Meter breite Fahrbahn verfügte über eine Fahrbahn in jede Richtung, in der Mitte befand sich das Gleis für den Bahnbetrieb. Beim Überqueren von Zügen ruhte der Straßenverkehr. Über den Widerlagern standen an jeder Seite Portalbauten mit jeweils zwei Türmen aus roten Backsteinen, die 1935 abgebaut wurden. Im Jahr 1986 wurde das Viadukt, das den Zweiten Weltkrieg überstanden hatte, durch einen wenige Meter nördlich gelegenen Neubau ersetzt. Auch diese Fachwerkbalkenbrücke besitzt zwei nebeneinander liegende Fahrbahnen für den Straßenverkehr und ein Gleis für den Schienenverkehr.

Die Eisenbahnbrücke bei Grünental – erste Hochbrücke über den damaligen Kaiser-Wilhelm-Kanal (heutiger Nord-Ostsee-Kanal), um 1920.

Kombinierte Eisenbahn- und Straßenbrücke über den Nord-Ostsee-Kanal bei Levensau, um 1920.

## LEVENSAU

Abgebildet ist die kombinierte Levensauer Eisenbahn- und Straßenbrücke. Im Jahr 1894 eröffnet, befindet sie sich zehn Kilometer nordwestlich des Kieler Hauptbahnhofs. Über die 163 Meter lange und 42 Meter hohe Brücke führte die Straße von Kiel nach Eckernförde und die 80 Kilometer lange (und bis heute eingleisige sowie nicht elektrifizierte) Bahnstrecke Kiel–Flensburg, die ab 1881 etappenweise eröffnet wurde. Vor Ausbau des Eider-Kanals zum Kaiser-Wilhelm-Kanal (1887–1895) verlief die Bahnverbindung bei anderer Streckenführung über eine Drehbrücke. Die Bogenbrücke mit ihrem schmiedeeisernen Überbau besaß über beiden Widerlagern ein dekoratives Portal mit zwei Türmen. Die Gestaltung war so großzügig bemessen, dass das südliche gelegene Bauwerk Platz für eine Gastwirtschaft und einen Haltepunkt bot. Bei Bahnverkehr wurde die breite und mit einem Fußweg versehene Brücke für Fuhrwerke und Kutschen gesperrt. Die Einweihung des eindrucksvollen Viadukts fand am 3. Dezember 1894 in Anwesenheit Kaiser Wilhelm II. statt, der die Architektur in höchstem Maße lobte. Bei der umfangreichen Sanierung der Brücke 1954 erhielt der Straßenverkehr mit zwei Fahrbahnen Vorrang vor dem Schienenverkehr. Bei dieser Baumaßnahme wurden die Toreinfahrten mit den Türmen und damit die typische Brückenarchitektur der Kaiserzeit beseitigt. Aufgrund des gestiegenen Kraftfahrzeugverkehrs entstand zu Beginn der 1980er Jahre westlich der Brücke eine neue, vierspurige Straßenhochbrücke.

Eine architektonische Meisterleistung – die Hochbrücke bei Rendsburg, Ansichtskarte von 1925.

100-Pf. (51-Cent-) Sonderbriefmarke »Eisenbahnhochbrücke Rendsburg«, Deutsche Post, 2001.

## RENDSBURG

Zu ihrer Zeit ein Superlativ: Die Hochbrücke von Rendsburg war bei ihrer Eröffnung am 1. Oktober 1913 mit 2486 Meter die längste Eisenbahnbrücke Deutschlands – und sie blieb dies 99 Jahre lang bis zur Inbetriebnahme der 2668 Meter langen Unstruttalbrücke im Jahr 2012 (die derzeit längste Bahnbrücke mit 6465 Metern ist die 2013 eröffnete Saale-Elster-Talbrücke auf der Schnellfahrstrecke Erfurt–Leipzig/Halle). Außerdem war sie mit 17.740 Tonnen Stahl und 3,2 Millionen Nieten die schwerste Stahlkonstruktion weltweit, beim Eiffelturm (1889) wurden rund 10.000 Tonnen weniger Stahl verbaut. Sie löste zwei eingleisige Drehbrücken ab, die bislang auf dem hier 312 Meter breiten Kanal als Teilstück der rund 100 Kilometer langen Bahnstrecke Elmshorn–Flensburg fungierten. Das auf der nördlichen Zufahrt als Kreisviadukt konstruierte Bauwerk misst einschließlich der beiden Auffahrrampen 7.500 Meter, davon entfallen auf die Brückenkonstruktion rund 2.500 Meter. Insgesamt 51 Gerüstpfeiler sorgen für die Standfestigkeit der Rampenbrücken. Statt der sonst üblichen massiven Brückentürme befanden sich an den Enden der grazilen Kanalüberquerung Brückenhäuser (die in den 1980er Jahren wegen Baufälligkeit und zugunsten von Aussichtsplattformen entfernt wurden). Mit Einweihung des landschaftsprägenden Stahlkolosses ging auch die Schwebebrücke (für Fahrzeuge, Radfahrer, Fußgänger) in Betrieb, die 2022 durch einen Neubau ersetzt wurde. Sie ist die einzige Schwebefähre, die unterhalb einer Eisenbahnbrücke hängt – auch dies weltweit eine Besonderheit. Heute stellt die Rendsburger Hochbrücke eine wichtige Verbindung im internationalen Schienenverkehr nach Skandinavien dar. Sie gilt als technische Meisterleistung und wurde im September 2013 als Historisches Wahrzeichen der Ingenieurbaukunst in Deutschland ausgezeichnet. Darüber hinaus ist die auf einer 100-Pfennig-Sonderbriefmarke (2001) abgebildete Konstruktion zugleich das Wahrzeichen der Stadt Rendsburg.

Eisenbahnhochbrücke bei Hochdonn, um 1920.

## HOCHDONN

Wenige Jahre nach Inbetriebnahme der Rendsburger Brücke und deutlich später als die Hochbrücke von Grünental entstand die Eisenbahnbrücke von Hochdonn, die bei Eröffnung im Juni 1920 eine zwölf Kilometer westlich gelegene eingleisige Drehbrücke (1895) ablöste. Die bisherige Überquerung hinderte an dieser Engstelle des Kanals zunehmend den gestiegenen Schiffsverkehr. Die zweigleisige Hochbrücke beeindruckt bis heute durch ihre Konstruktion und Länge: Insgesamt, also mit den langgezogenen Zufahrtrampen, hat sie eine Länge von 2218 Metern, davon ist der mittig über dem NOK gelegene Schwebeträger 121 Meter lang. Das gigantische Stahlbauwerk ist Teil der Marschbahn (Hamburg–Elmshorn–Westerland/Sylt). Im November 2006 wurde der alte Schwebeträger in Fachwerkbauweise durch einen originalgetreuen Nachbau ersetzt; ansonsten versieht die viertlängste Eisenbahnbrücke Deutschlands ihren Dienst reibungslos seit 1920.

Eisenbahnhochbrücke bei Hochdonn, Ausschnitt.

Eisenbahnbrücke in Oldenburg, 1968.

# OLDENBURG (OLDENB.)

Vergleichsweise spät, erst im Juli 1867, wurde das Herzogtum Oldenburg mit der 44 Kilometer langen Strecke nach Bremen an das deutsche Bahnnetz angeschlossen. Wenige Tage später folgte die Verbindung nach Wilhelmshaven, zwei Jahre später war auch eine Trasse nach Leer befahrbar. Während an vielen anderen Orten auf eine zweckmäßige Verkehrsführung geachtet wurde, verlief die Strecke zu beiden Zielen über den traditionsreichen Oldenburger Pferdemarkt, damit trennte sie die Altstadt von der expandierenden Nordstadt. Die schienengleichen Bahnübergänge waren häufig geschlossen (täglich bis zu annähernd vier Stunden) und führten zu unliebsamen Wartezeiten. Allein auf dem Pferdemarkt bestanden auf einer Länge von 275 Metern vier Bahnübergänge, die entsprechendes Personal erforderten. Dieser Zustand gehörte jahrzehntelang zum Alltag der Oldenburger, bis am 25. Mai 1966 mit der Hochlegung der Strecke und der Eröffnung der Hochbrücke diese Verkehrshindernisse beseitigt wurden. Die zweigleisige Pferdemarktbrücke, eine schmucklose Betonkonstruktion, die auf 14 Pfeilerreihen ruht, ist 308 Meter lang; ihre Lebensdauer war auf 80 Jahre berechnet. Im Hintergrund ist das repräsentative Gebäude der Stadtverwaltung zu erkennen, rechts daneben steht die ehemalige Infanteriekaserne, seit 1987 ist dort die Landesbibliothek untergebracht. Die Ansicht von 1968 zeigt eine Dampflok auf der noch jungen Hochbrücke, die aus Emden kommt und dort produzierte VW-Käfer transportiert.

Eisenbahnbrücke bei Pritzerbe/Brandenburg, um 1970.

Längst Vergangenheit: die Eisenbahnbrücke bei Reitzenhain/Erzgebirge (1935).

## PRITZERBE/BRANDENBURG

Die Ansicht (um 1970) zeigt die Eisenbahnbrücke bei Pritzerbe, einem Ortsteil von Havelsee/Brandenburg. Die Stahlfachwerkkonstruktion aus der Nachkriegszeit überquert den Pritzerber See, der zum Flusssystem der Havel gehört. Der Ort liegt an der ursprünglich 126 Kilometer langen und 1904 eröffneten Strecke Treuenbrietzen–Neustadt/Dosse, die jedoch weitgehend stillgelegt ist. Der Bahnhof Pritzerbe befindet sich auf halber Strecke des eingleisigen und rund 30 Kilometer langen Abschnittes Brandenburg–Rathenow, der noch immer im Personenverkehr bedient wird.

## REITZENHAIN

Die sog. Grenzbrücke bei Reitzenhain/Erzgebirge war einst Teil der 58 Kilometer langen und 1875 in Betrieb genommenen Bahnstrecke von Flöha nach Reitzenhain. Der Ort war damals Grenzstation zu Böhmen, das bis 1918 zu Österreich-Ungarn gehörte, und er liegt heute an der deutsch-tschechischen Grenze. Mit Eröffnung der Flöhatalbahn war eine überregionale Verbindung von Chemnitz nach Prag geschaffen. Die Brücke mit einem Mittelpfeiler, zwei massiven Widerlagern und der rund 50 Meter langen zweifeldrigen Eisenfachwerkkonstruktion mit obenliegender Fahrbahn überquerte die Schwarze Pockau, einen linken Nebenfluss der Flöha. Nach dem Zweiten Weltkrieg wurde der grenzüberschreitende Bahnverkehr eingestellt, der (1994 aufgelassene) Bahnhof Reitzenstein verlor an Bedeutung, die hier abgebildete Brücke wurde Ende der 1970er Jahre sogar abgerissen.

Eisenbahnbrücke über die Elbe bei Riesa, Postkarte von 1915.

Eisenbahnviadukt bei Rödlitz/Sachsen (um 1940).

## RIESA

Als andernorts eine Eisenbahnbrücke geplant wurde, entstand in Riesa/Mittelsachsen bereits der dritte Neubau eines Eisenbahnviadukts über die Elbe. Die Stadt liegt mitten an der 116 Kilometer langen Strecke Leipzig–Dresden; bei Eröffnung im Jahr 1839 war diese Verbindung die erste Ferneisenbahn in Deutschland. Der erste Brückenbau, eine Holzkonstruktion auf Steinpfeilern, war 340 Meter lang und eine kombinierte Straßen- und Eisenbahnbrücke. 1874/75 wurden die hölzernen Überbauten durch eine Eisenkonstruktion ersetzt, die jedoch beim Elbhochwasser im Frühjahr 1876 einstürzten. Die hier abgebildete Ansicht, abgestempelt am 1. August 1915, zeigt den Neubau von 1878. Dieses dritte Bauwerk bestand aus drei je 101 Meter langen parabelförmig gekrümmten Gitterträgerkonstruktionen über dem Fluss und einem 44 Meter langen Teil am Riesaer Ufer (links zu erkennen). Die Überbauten der zweigleisigen Eisenbahnbrücke und der Straßenbrücke lagen auf gemeinsamen Pfeilern, an den Enden der Überquerung befanden sich jeweils zwei schlanke Brückentürme. Nach Sprengung wenige Tage vor Kriegsende 1945 und der raschen Instandsetzung (mit einem Gleis) wurde die heutige Stahlbogenbrücke 1966 elektrifiziert und zweigleisig in Betrieb genommen, 2006 wurde ein Neubau mit einem weiteren Gleis hinzugefügt.

## RÖDLITZ

Das Wahrzeichen von Rödlitz, zwischen Zwickau und Chemnitz gelegen, seit 1994 ein Ortsteil der Kleinstadt Lichtenstein, ist das Eisenbahnviadukt, das seit 1879 Teil der Nebenbahn Stollberg–St. Egidien ist. Die Strecke ist 20 Kilometer lang und diente in ihren ersten Jahren hauptsächlich dem Abtransport von Steinkohle aus dem Revier Lugau-Oelsnitzer, damals das zweitgrößte Steinkohlerevier Sachsens. Aufgrund der Höhenunterschiede mussten mehrere Tunnel und Brücken errichtet werden. Das Viadukt Rödlitzbachtal ist 150 Meter lang und besteht aus sieben Steinbögen. Unweit der Brücke liegt der Haltepunkt Rödlitz-Hohndorf, der von der City-Bahn Chemnitz bedient wird. Die freien Flächen unterhalb der Brückenpfeiler (Ansicht um 1940) sind längst bebaut.

Eisenbahnbrücke über den Oder-Havel-Kanal
bei Ruhlsdorf/Brandenburg, um 1970.

Viadukt bei Sayn/Westerwald, Postkarte von 1939.

## RUHLSDORF/BRANDENBURG

Die Ansicht entstammt einer DDR-Postkarte von Ruhlsdorf, heute ein Ortsteil der Gemeinde Marienwerder/Brandenburg und zeigt die Eisenbahnbrücke über den Oder-Havel-Kanal, die ein Teilstück der Heidekrautbahn ist. Diese 1905 in Betrieb genommene Strecke führte ursprünglich (vor dem Bau der Mauer 1961) von Berlin-Wilhelmsruh nach Groß Schönebeck. Ihren Namen erhielt die Bahn, da viele Berliner mit ihr einen Ausflug in die Schorfheide unternahmen. Die hier abgebildete Bogenbrücke aus Stahlbeton ersetzte das Bauwerk von 1905, das gegen Kriegsende gesprengt wurde. Mit der umfangreichen Sanierung der Strecke zur Jahrtausendwende wurde diese Brücke wiederum 1999 durch einen Neubau ersetzt; betrieben wird die Heidekrautbahn durch die Niederbarnimer Eisenbahn.

## SAYN

Zu den zahlreichen Nebenbahnen durch den Westerwald gehört auch die 74 Kilometer lange Bahnstrecke von Engers (bei Neuwied) nach Au/Sieg. Der erste Abschnitt, der von der rechten Rheintalbahn abzweigt und entlang des Brexbachs nach Siershahn führt, wird auch Brexbachtalbahn genannt. Diese 22 Kilometer lange und im Mai 1884 eingeweihte Strecke überwindet einen Höhenunterschied von 230 Metern; dafür wurden sieben Tunnel und 36 Brücken gebaut. Zu diesen markanten Bauwerken gehört auf den ersten Kilometern die Steinbogenbrücke bei Sayn. Das landschaftsprägende Viadukt mit seinen sechs Bögen ist für diese Gegend ein besonderes Zeugnis der Industrialisierung. Mit der etappenweisen Stilllegung der Strecke ab 1989 verlor es seine eigentliche Bedeutung, heute ist es ein beliebtes Fotomotiv der zahlreichen Wanderer, die den Saynsteig entlang des Brexbachs für sich entdecken. Die am 29. Juli 1939 und damit vier Wochen vor Beginn des Zweiten Weltkrieges abgestempelte Karte zeigt das (im Krieg nicht zerstörte) Viadukt und die Abtei Sayn, ein ehemaliges Prämonstratenserkloster als die Sehenswürdigkeiten des (damaligen) Luftkurortes Sayn, seit 1928 ein Stadtteil von Bendorf.

Eisenbahnbrücke bei Schwabach/Mittelfranken, Ansicht um 1960.

Eisenbahnbrücke über die Donau bei Sigmaringen mit Residenzschloss, Ansichtskarte von 1935.

## SCHWABACH

Die Ansicht zeigt die heute vielbefahrene Penzdorferstraße in Schwabach, einer Stadt, die im Norden direkt an Nürnberg grenzt. Zwischen den Städten liegt die Steinbogenbrücke, die Teil der (ab) 1849 eröffneten Strecke Nürnberg–Treuchtlingen ist und hier den 23 Kilometer langen Schwabach, einen linken Nebenfluss der Rednitz, überspannt. Durch Sprengung und Beschädigung von zwei der fünf Bögen am Ende des Zweiten Weltkrieges war die Brücke bis zu ihrer Instandsetzung unterbrochen. Die zweigleisige und bereits seit 1935 elektrifizierte Strecke ist Teil der Haupttrasse München–Nürnberg. Parallel zur historischen Brücke wurde 1998 eine neue 170 Meter lange Stahlbetonbrücke vollendet, die seit 2001 mit einer eigenständigen Strecke ausschließlich dem S-Bahn-Verkehr Nürnberg-Roth dient, d. h. dieser Blick auf das einst freistehende Viadukt ist längst Vergangenheit.

## SIGMARINGEN

Vor einmaliger Kulisse, dem ehemaligen Residenzschloss der Fürsten des bis 1849 selbstständigen Staates Hohenzollern-Sigmaringen, fließt die hier 34 Meter breite Donau, die von mehreren Brücken überquert wird. Zu sehen ist die 1928 errichtete Balkenbrücke mit parallelgurtigen Fachwerkträgern und untenliegenden Gleis. Über das insgesamt 101 Meter lange Bauwerk verläuft die seit 1873 vollständig befahrbare Bahnstrecke Ulm–Sigmaringen, die (seit 1890) über Tuttlingen nach Donaueschingen weitergeht. Die durch eine reizvolle Landschaft der jungen Donau führende eingleisige und nicht elektrifizierte Strecke wird auch Donaubahn genannt.

Eisenbahnbrücke der Siebenmühlentalbahn bei Steinenbronn, Aufnahme von 1929.

## STEINENBRONN

Zu den Bahnstrecken in Deutschland, die nur eine geringe Betriebsdauer hatten, gehört die Siebenmühlenbahn, die (südlich von Stuttgart) von Leinfelden nach Waldenbuch führte. Im Juni 1928 als eine der letzten Strecken im Deutschen Reich neu eröffnet, war sie gerade mal zwölf Kilometer lang. Auf einer Länge von nur 900 Metern befinden sich drei Viadukte aus Stampfbeton. Zu diesen gehört auch die aus drei Bögen bestehende, etwa 20 Meter hohe und 70 Meter lange Brücke bei Steinenbronn. Im Vordergrund ist die (im Zweiten Weltkrieg zerstörte und dann in veränderter Form wieder aufgebaute) Seebrückenmühle zu sehen. Über die Brücke fährt eine Dampflokomotive der Baureihe 93, die zwei Waggons der dritten Wagenklasse schiebt (nur solche waren hier eingesetzt). Bereits im Mai 1955 wegen Unrentabilität eingestellt und im Oktober 1956 stillgelegt, dient die ehemalige Bahnstrecke entlang mehrerer Getreidemühlen und Sägewerke heute als Rad- und Wanderweg durch eine reizvolle Landschaft.

# STUTTGART

## BAD CANNSTATT

Mit der Eröffnung der Strecke von Cannstatt nach Untertürkheim im Oktober 1845 begann auch für Stuttgart das Eisenbahnzeitalter. Die Stadt, die dank der allgemeinen Bevölkerungsentwicklung und Eingemeindungen um 1900 annähernd 180.000 Einwohner zählte, hatte sich zum wichtigsten Verkehrsknoten im Königreich Württemberg entwickelt. Die als Neujahrsgruß am 30. Dezember 1915 verschickte Karte zeigt im Vordergrund einen Ausschnitt der damals ganz neuen, Ende 1915 eröffneten Eisenbahnbrücke in Cannstatt. Die einst selbstständige württembergische Amtsstadt wurde 1905 mit der Residenzstadt Stuttgart vereinigt. Das moderne Bauwerk löste eine 1858 in Betrieb genommene gusseiserne Brücke ab, die wiederum die erste feste Verbindung über den Neckar, eine Holzkonstruktion von 1846, ersetzte. Über das auch Rosensteinbrücke genannte Viadukt führt die rund 100 Kilometer lange Filstalbahn (Stuttgart–Neu-Ulm). Die viergleisige Betonbrücke ist insgesamt 322 Meter lang, ihre sieben Bögen unterschiedlicher Weite überspannen den Neckar auf einer Länge von 244 Meter. Über dem Fluss hat sie eine Breite von 15 Metern, kurz vor dem Bahnhof Stuttgart-(Bad) Cannstatt verbreitert sie sich auf 24 Meter, ihre Pfeiler sind mit Natursteinen verkleidet. 1944 bei alliierten Luftangriffen beschädigt, sprengten Wehrmachtspioniere am 21. April 1945 die mittleren Pfeiler des Bauwerks, das (nach einem Provisorium) instandgesetzt und 1949 wieder befahrbar war. Im Zusammenhang mit »Stuttgart 21« wurde das Bauwerk 2024 zurückgebaut, die Betonteile wurden recycelt. Am Ort der bisherigen Flussquerung soll ein Neubau entstehen, zuvor dient ein Provisorium als Fußgänger- und Radfahrerbrücke. Im Hintergrund, unterhalb des Brückenbogens, erblickt man die historische König-Karl-Brücke von 1893 (1948 und 1976 erneuert), über die seit 1895 auch die Straßenbahn rollt.

Eisenbahnbrücke über den Neckar zwischen Stuttgart und Cannstatt, 1915.

Eine weitere Eisenbahnbrücke über den Neckar bei Stuttgart, Postkarte von 1910.

## MÜNSTER

Eine weitere wichtige Eisenbahnbrücke über den Neckar bei Stuttgart entstand 1896; sie diente als Überführung der rund elf Kilometer langen und zunächst eingleisigen Güterumgehungsbahn von Untertürkheim nach Kornwestheim. Da über die Strecke vor allem Personal und Waren der Salamander-Schuhverkaufsgesellschaft transportiert wurde, hieß sie im Volksmund »Salamander-« oder auch »Schusterbahn«. Das insgesamt 855 Meter lange und 30 Meter hohe Viadukt stand zwischen den heutigen Stadtteilen Münster und Cannstatt. Eröffnet in Anwesenheit des württembergischen Königs Wilhelm II. und nach ihm benannt, war sie bei Einweihung die größte Stahlfachwerkbrücke des Königreichs. Die damals moderne Konstruktion mit obenliegender Fahrbahn ruhte auf zehn gemauerten Pfeilern und den beiden Widerlagern, auf denen sich wiederum jeweils zwei Brückentürme aus rotem Buntsandstein befanden. Opfer des Nerobefehls 1945, wurde das beachtliche Bauwerk gesprengt, 1954 rekonstruiert und durch eine 1990 vollendete Stahlbetonbrücke ersetzt. Während der Inflationszeit 1923 war das König-Wilhelms-Viadukt auf einem 5-Billionen-Mark-Schein abgebildet.

Eine wahre Postkartenidylle von 1911: das Viadukt bei Traunstein/Oberbayern.

## TRAUNSTEIN

Diese Postkarte lädt zu einer Zeitreise ein. Die 5-Pfennig-Briefmarke des Königreichs Bayern ist abgestempelt im September 1911, sie zeigt das Portrait des ein halbes Jahr zuvor verstorbenen Prinzregenten Luitpold. Sein ältester Bruder, König Maximilian II., hatte gemeinsam mit dem österreichischen Kaiser Franz Joseph am 12. August 1860 in einem Sonderzug die 53 Kilometer lange Bahnstrecke Rosenheim–Salzburg eröffnet. Bei dieser Einweihungsfahrt überfuhren die Majestäten auch dieses Viadukt bei Traunstein. Seitdem ist es das Wahrzeichen der oberbayerischen Gemeinde (im Hintergrund der Ansicht steht die Pfarrkirche St. Oswald). Die 105 Meter lange und 25 Meter hohe Steinbogenbrücke mit fünf Öffnungen besteht aus einem Bruchsteinmauerwerk. Auch an diesem Bau waren zahlreiche ausländische Gastarbeiter beschäftigt, da der heimische Arbeitsmarkt für eine solch aufwendige Brücke nicht genügend Kapazitäten bot. Nach Fertigstellung des Baus wurde das Flussbett der Traun so umgeleitet, dass sie seitdem unter der Brücke fließt. Trotz alliierter Luftangriffe und der beabsichtigten Zerstörung durch ein Wehrmachts-Sprengkommando hat das Viadukt das Ende des »Dritten Reiches« weitgehend unbeschadet überstanden. Nach zwei umfangreichen Sanierungen (1959 und 2014) präsentiert sich das Traunsteiner Viadukt wie zur Eröffnung 1860, damit gehört es zu den wenigen original erhalten Eisenbahnbauten aus der Mitte des 19. Jahrhunderts. Durch diese bezaubernde Kulisse fuhr ab 1897 auch der legendäre Orient-Express.

Eisenbahnbrücke über den Neckar in Tübingen (mit Schloss), Karte von 1913.

## TÜBINGEN

Die in Tübingen am 26. Juli 1913 an ein »liebes Fräulein Emilie« geschriebene Postkarte zeigt vor einer ebenfalls imposanten Kulisse, dem Tübinger Schloss, einen Ruderer auf dem Neckar, dazwischen die noch neue Eisenbahnbrücke. Sie wirkt modern und war es zu ihrer Zeit; sie war die erste Eisenbetonbrücke des Königreichs Württemberg. Die am 1. Mai 1910 eingeweihte (1945 gesprengte und dann rekonstruierte) Brücke ist ein Teilstück der 21 Kilometer langen Strecke Herrenberg–Tübingen (Ammertalbahn), die in den 1960/70er Jahren etappenweise stillgelegt, gegen Ende des Jahrtausends jedoch reaktiviert und in den Jahren 2019 bis 2022 zweigleisig ausgebaut und elektrifiziert wurde. Die formschöne (heute allerdings stark mit Graffiti beschmierte) eingleisige Brücke ist 104 Meter lang, sieben Meter hoch und fünf Meter breit. Mit ihren zwei eleganten, 34 Meter langen Bögen überspannt sie die beiden Neckararme der beliebten Universitätsstadt. Auf dem repräsentativen und dekorativ ausgestatteten Mittelpfeiler steht ein Obelisk, von dort führt eine Treppe zur Aussichtsplattform, wie auf der schönen Karte gut zu erkennen ist.

Eisenbahnbrücke über die Donau bei Ulm (mit Münster), Ansichtskarte von 1915.

## ULM

Stolze 90 Jahre bestand die Eisenbahnbrücke zwischen Ulm und Neu-Ulm, bis auch sie Ende April 1945 von Wehrmachtssoldaten gesprengt wurde. Die Grundsteinlegung der 123 Meter langen Steinbogenbrücke hatte 1852 stattgefunden. Das Gemeinschaftsprojekt des Königreichs Bayern und des Königreichs Württemberg war Teil der seit 1. Mai 1854 durchgehend befahrbaren Strecke Augsburg–Ulm und der ebenfalls in jenen Jahren errichteten Verbindung Stuttgart–Neu-Ulm (die Brücke wurde allerdings erst 1855 vollendet). Das fast neun Meter breite Bauwerk mit seinen fünf Rundbögen war von Anfang an für zwei Gleise konzipiert, zunächst aber eingleisig verlegt. An den beiden Enden markierten je zwei Brückentürme die jeweilige Landesgrenze; bis zu ihrer Beseitigung 1897 konnte die Überquerung mittels zweier Tore gesperrt werden. Bei ihrer Eröffnung wurde das Viadukt auf den Namen Wilhelm-Maximilian-Brücke getauft, zu Ehren des württembergischen und des bayerischen Königs. Bereits 1933 wurde die Gesamtstrecke elektrifiziert. Nach einer Behelfsbrücke (1945) und einer Stahlbalkenkonstruktion führt an dieser Stelle seit 2007 eine viergleisige Spannbeton-Hohlkastenbrücke über die Donau; diese gehört zu den meistbefahrenen Eisenbahnbrücken Deutschlands. Die farbige Ansichtskarte, am 16. April 1915 in Ulm abgestempelt, zeigt den württembergischen Teil der Brücke, dahinter erhebt sich das Ulmer Münster, der von den Farben Schwarz-Weiß-Rot umgebene Adler steht für das Kaiserreich Deutschland.

Eisenbahnbrücke über die Nagold bei Unterreichenbach/Schwarzwald, um 1920.

## UNTERREICHENBACH/ SCHWARZWALD

Die kleine Gemeinde Unterreichenbach im Nordschwarzwald verfügt über eine Besonderheit: Die einzig original erhaltene Schwedlerträgerbrücke, also eine nach dem preußischen Konstrukteur Johann Wilhelm Schwedler benannte besondere Fachwerkbrücke aus dem Jahre 1874. Das schmiedeeiserne Bauwerk über die Nagold ist 64 Meter lang, acht Meter hoch und trotz seiner enormen Breite von zehn Metern nur eingleisig verlegt. Sie entstand mit dem Bau der 56 Kilometer langen und ab 1868 etappenweise eröffneten Nagoldbahn von Pforzheim über Calw, Wildbad und Nagold nach Hochdorf bei Horb. Die Bahn führt weitgehend entlang der Nagold und gehört damit zu den schönsten Bahnstrecken Süddeutschlands. Die mehr als 150 Jahre alte Brücke bei Unterreichenbach gilt bis heute als technische Meisterleistung der Industrialisierung.

Eisenbahnviadukt bei Velbert, Karte von 1942.

## VELBERT

Die im August 1942 und damit mitten im Zweiten Weltkrieg abgestempelte Karte zeigt eine Idylle (rechts unterhalb der Brücke ist ein Taubenschlag zu erkennen), die es zu diesem Zeitpunkt längst nicht mehr gab. Im Gegensatz zu vielen anderen Brücken jedoch hat dieses imposante Bauwerk den Krieg weitgehend unbeschadet überstanden. Abgebildet ist das 1915 fertig gestellte Eulenbachviadukt bei Velbert, das als Stampfbetonkonstruktion mit einheimischen Natursteinen als Verblendung, den Rinderbach, einen kleinen Zufluss der Ruhr, überspannt. Es ist 168 Meter lang, 40 Meter hoch und besteht aus sieben Bögen, die jeweils eine Spannweite von rund 20 Metern haben. Die Brücke war Teil der 26 Kilometer langen und zwischen 1888 und 1926 in Etappen errichteten Niederbergbahn (Oberdüssel–Kettwig), eine der zahlreichen Nebenbahnen im Ruhrgebiet. Erst ab 1925 erfolgte auf der gesamten Strecke der Personenverkehr, der bereits 1960 eingestellt wurde, während Güterzüge noch bis Ende 1994 über diese eingleisige Strecke rollten. Seit Juli 2011 führt über die Eulenbachbrücke der Panoramaradweg Niederbergbahn.

Eisenbahnbrücke über den Main bei Volkach, Postkarte von 1924.

## VOLKACH/MAIN

Bei Betrachtung dieser Ansicht kommt einem das alte Volkslied »Es führt über den Main eine Brücke aus Stein« in den Sinn. Tatsächlich führte diese steinerne Bogenbrücke bei Volkach über den Main. Nach rund zweijähriger Bauzeit im August 1892 als Straßenbrücke eingeweiht, wurde sie 1908/09 auch für den eingleisigen Eisenbahnverkehr ausgebaut. Ab Mitte Februar 1909 war das aus sechs Bogen bestehende Viadukt Bestandteil der Mainschleifenbahn, die von Seligenstadt nach Volkach führte. Im Volksmund wurde die nur zehn Kilometer lange Lokalbahn der Bayerischen Staatsbahnen auch als »Säuferbähnle« bezeichnet, da sie am Wochenende von vielen Ausflüglern genutzt wurde. Bei Schienenverkehr war der Straßenverkehr nicht gestattet. Nach der Sprengung des annähernd 200 Meter langen Bauwerks entstand ein jahrzehntelanges Provisorium. 1968 wurde hier der Personenverkehr, 1991 auch der Güterverkehr eingestellt, die Strecke 1994 stillgelegt. Erst im September 2011 wurde die Behelfsbrücke von 1949 durch einen Neubau (ohne Schienen) ersetzt. Die Strecke von Seligenstadt bis Volkach–Astheim, also bis zur Brücke, wird gelegentlich von Sonderzügen genutzt; eine Reaktivierung der Strecke ist angestrebt. Auf der im Oktober 1924 abgestempelten Karte ist rechts neben der Brücke das (noch heute vorhandene) Brückenhäuschen bei Astheim zu erkennen; dort musste für den Straßen- und Fußgängerverkehr bis 1938 ein Brückenzoll entrichtet werden.

# WALDHEIM/SACHSEN

Bei Waldheim im sächsischen Zschopautal befinden sich gleich drei eindrucksvolle Eisenbahnbrücken aus den frühen Jahren der Eisenbahngeschichte, eine Stahlkonstruktion und zwei Steinbrücken. Zu diesen gehört auch das hier abgebildete Diedenhainer Viadukt, über das die (seit 1991 elektrifizierte) Strecke Chemnitz–Riesa verläuft. Der Bau dieser 65 Kilometer langen Verbindung hatte jahrelang gedauert und die Chemnitz-Riesaer Eisenbahn-Gesellschaft schließlich in Zahlungsschwierigkeiten gestürzt. Die Strecke durch das unwegsame Zschopautal erforderte zahlreiche Tunnel und Stützmauern, vor allem kostenintensive Viadukte.
Im Mai 1845 hatten die Bauarbeiten begonnen, doch erst nach Verstaatlichung der Gesellschaft konnte die zweigleisige Strecke weitergebaut und am 1. September 1852 in Anwesenheit des sächsischen Königs Friedrich August II. auf ganzer Länge eingeweiht werden. Da auf dem Abschnitt zwischen Limmritz und Waldheim die Baukosten pro Streckenkilometer bei über 100.000 Talern lagen und die Errichtung eines der teuersten Bahnprojekte jener Jahre war, werden die sechs Kilometer (mit insgesamt fünf großen Viadukten) bis heute als Bankrottmeile bezeichnet. Die markante Brücke besteht aus zwei Ebenen, wobei die obere aus Rundbögen, die untere aus Spitzbögen besteht. Das Bauwerk, auch Viadukt Diedenmühle genannt, ist rund 200 Meter lang und 52 Meter hoch, für die massiven Pfeiler wurde sächsischer Granit verwendet. Die weitgehend original erhalten Brücken sind eine weithin bekannte Sehenswürdigkeit des Zschopautals. Unterhalb des Viadukts verläuft der neun Kilometer lange Wanderweg »Bankrottmeile«, der mit seiner kuriosen Bezeichnung Bezug auf die exorbitanten Baukosten des Streckenabschnittes nimmt. In seiner Nähe befindet sich mit 370 Metern Länge, 35 Metern Höhe und einer Stärke von bis zu 15 Metern die größte Trockenstützmauer einer Bahnstrecke in Europa – auch sie ist eine Besonderheit und ein beliebtes Ausflugsziel. Das im Vordergrund der Karte abgebildete Café Waldfrieden gibt es (in modernisierter Form) ebenfalls noch heute; es lädt zu Spezialitäten aus Sachsen ein.

Diedenhainer Viadukt bei Waldheim/Sachsen, Ansicht von 1930.

Viadukt bei Wallendorf/Thüringen, Postkarte von 1925.

## WALLENDORF

Die kleine Gemeinde Wallendorf, seit 2019 Teil der Kleinstadt Neuhaus am Rennweg/Südthüringen, war bekannt für die hier von 1764 bis 2024 ansässige Porzellanmanufaktur und für das 1913 vollendete Viadukt, das das Tal der Piesau und die B 281 überbrückt. Die 253 Meter lange und 34 Meter hohe Bogenbrücke besteht aus zehn Stampfbetonbögen. Im oberen Teil der Pfeiler sind jeweils fünf kleine Bögen angeordnet, dadurch wirkt die eingleisige Überführung transparent. Bis zu ihrer Stilllegung verlief über das Piesau-Viadukt die 26 Kilometer lange Nebenbahn Probstzella–Neuhaus am Rennweg. Trotz des Zweckbaus handelt es sich um eine elegante und reich verzierte Brücke, die in der abgeschiedenen und waldreichen Gegend eine besondere Architektur verkörpert.

Eisenbahnviadukt über das Ilmtal bei Weimar, Postkarte von 1916.

## WEIMAR

Der vielseitig begabte Johann Wolfgang von Goethe war nicht nur ein produktiver Schriftsteller, sondern im Großherzogtum Sachsen-Weimar-Eisenach auch Leiter der Bergwerkskommission und damit neuen Techniken zugewandt. Von der Eisenbahn, dem neuen Verkehrsmittel in England (1825), hatte er zwar gehört, auch Planungen von Streckenverlegungen in den deutschen Ländern zur Kenntnis genommen, doch er selbst erlebte das Eisenbahnzeitalter in Deutschland nicht mehr; er verstarb im März 1832. Bereits Ende 1846 erhielt die Residenzstadt Weimar Anschluss an die Thüringer Bahn (von Halle–Weißenfels), die ein Jahr später nach Erfurt–Eisenach weitergeführt wurde. Erst 1876 wurde die 60 Kilometer lange Strecke über Jena nach Gera in Betrieb genommen. Zur Überbrückung des Ilmtals wurde das hier abgebildete Viadukt errichtet. Die Bogenbrücke ist 155 Meter lang und 38 Meter hoch, sie besteht aus sechs Gewölbebögen, von denen die beiden mittleren eine lichte Weite von 21 Metern haben, die Weite der anderen Bögen beträgt jeweils 16 Meter. Sockel und Mauerwerk der Pfeiler bestehen aus Thüringer Kalkstein, die Verblendung aus Schaumkalk. Auf der am 23. Mai 1916 abgestempelten Karte überquert gerade eine Dampflok mit einem Güterwagen und drei Personenwagen die mit zahlreichen Ornamenten verzierte Brücke. Im Zweiten Weltkrieg blieb das Viadukt von Beschädigungen verschont, doch wurde in der Nachkriegszeit das zweite Gleis der bislang stark frequentierten Strecke als Reparationsleistung in die Sowjetunion verbracht, erst 2016 wurde die Strecke wieder zweigleisig ausgebaut. Mit Eröffnung der Schnellfahrstrecke Erfurt–Leipzig/Halle (2015) hat diese Trasse und damit die Brücke an Bedeutung verloren, doch für den Regionalverkehr ins östliche Thüringen ist sie nach wie vor unverzichtbar.

Viadukt der Wieslauftalbahn bei Welzheim/Schwarzwald, Karte von 1919.

## WELZHEIM

Geradezu unglaublich ist es, wie viele Nebenstrecken es in der ersten Hälfte des 20. Jahrhunderts gab; manche existieren bis heute. Zu diesen gehört auch die nur 23 Kilometer lange Wieslauftalbahn im nördlichen Schwarzwald, die von Schorndorf nach Welzheim führt. Die bis heute eingleisige und nicht elektrifizierte Strecke war ab 1911 durchgehend befahrbar. Drei Viadukte waren auf diesem Abschnitt zur Überwindung bedeutender Höhenunterschiede erforderlich, so auch das hier abgebildete steinerne Viadukt über die Wieslauf oberhalb des Bahnhofs Laufenmühle im Welzheimer Wald. Das elegante Bauwerk ist 168 Meter lang und 25 Meter hoch, es besteht aus acht Bögen, die hier alle sichtbar sind und es versieht, nach einer Sanierung im Jahr 2016, bis heute seinen Dienst. Die Strecke durch die reizvolle Landschaft wurde 1980 stillgelegt, doch ab 1995 begann die Reaktivierung des 11 Kilometer langen Abschnittes Schorndorf–Rudersberg–Oberndorf; die restlichen Kilometer und damit auch diese schöne Brücke werden nur noch von Zügen der Museumsbahn befahren.

Hülsbachtalviadukt bei Westerburg/Westerwald (mit Schlossberg im Hintergrund), Ansichtskarte von 1937.

Eisenbahnbrücke bei Wildemann/Harz, Postkarte von 1915.

## WESTERBURG

Die Kleinstadt Westerburg/Westerwald, in der der Autor dieses Buches seine ersten vier Lebensjahre verbrachte, wurde gegen Ende des Zweiten Weltkrieges mehrfach von alliierten Luftangriffen getroffen, dabei wurde die Bausubstanz erheblich beschädigt, das eigentliche Ziel jedoch, die eingleisige Stahlbalkenbrücke, hat den Krieg unbeschadet überstanden. Das 275 Meter lange und 31 Meter hohe Viadukt, das hier den Hülsbach überquert, entstand 1906 für die im folgenden Jahr in Betrieb genommene Westerwaldquerbahn (Herborn–Montabaur). Es steht auf zwei steinernen Rampentischen an den Brückenenden und auf vier stählernen Pendelstützen und ist die zweitlängste Pendelpfeilerbrücke Deutschlands. Mit der 74 Kilometer langen Strecke sollten auch abgelegene Orte des Westerwalds an die Industriezentren an Rhein und Lahn Anbindung haben. Der Bahnhof Westerburg liegt an der noch immer betriebenen Strecke Limburg–Altenkirchen, doch die Westerwaldquerbahn wurde in Etappen bis 1981 stillgelegt. Heute dient das schnörkellose Hülsbachtalviadukt als Rad- und Wanderweg.

## WILDEMANN

Hier sehen wir ein Motiv (1915), das längst verschwunden ist. Wir blicken auf den kleinen Ort Wildemann im Oberharz, etwa zehn Kilometer nordwestlich der traditionsreichen Universitätsstadt Clausthal-Zellerfeld gelegen. Bereits im Hohen Mittelalter wurde hier Bergbau betrieben, ab der Mitte des 16. Jahrhunderts sogar Silber gewonnen. Trotz der abgelegenen Lage erhielt der Ort 1875 einen Bahnanschluss; er lag nun an der Innerstetalbahn (Langelsheim–Altenau). Mit der 33 Kilometer langen eingleisigen Strecke sollten vor allem die Harzbergwerke erschlossen werden. Das enge Tal verlangte zahlreiche Tunnel und Brücken, so auch bei der Ortschaft Wildemann. Zu sehen ist die Einfahrt in den 278 Meter langen Wildemanntunnel, der durch den Gallenberg Richtung Langelsheim führt; von dort bestand Anschluss nach Goslar. Die einfache Stahlkonstruktion der Brücke ruht auf massiven Widerlagern und einem Mittelpfeiler aus Granit. Mit der Eisenbahn kamen Kurgäste, denn Wildemann hatte 1873 den Status eines Kneippkurortes erhalten. Doch mit der Einstellung des Bergbaus und dem zunehmenden Individualverkehr in den 1960er Jahren hatte auch die Innerstetalbahn ausgedient; 1977 wurde sie stillgelegt, die Gleise demontiert, der Wildemann-Tunnel verschüttet und die hier abgebildete Brücke sogar zurückgebaut. Immerhin bestehen noch alle ehemaligen Empfangsgebäude, die zu Wohnungen oder zum Ort von Dienstleistungen umgebaut wurden; so dient der einstige Bahnhof Wildemann heute der örtlichen Feuerwehr.

Willinger Viadukt/Waldeck - Nordhessen, um 1950.

## WILLINGEN/WALDECK

Auch diese Ansicht (um 1950) spiegelt längst Vergangenheit wider: Ein aus Güter- und Personenwagen bestehender Dampfzug überquert das eingleisige Willinger Viadukt in Nordhessen. Die 294 Meter lange und 31 Meter hohe Steinbogenbrücke aus Naturstein war Teil der 1917 eröffneten Uplandbahn (Brilon–Korbach). Zwischen den beiden Widerlagern erheben sich elf Bögen mit einer Spannweite von je 25 Metern. Zwar im Jahr 2000 saniert, erfüllt das landschaftsprägende Viadukt seit dieser Zeit keine Funktion mehr; die Strecke über die Itter, einem 19 Kilometer langen Diemel-Zufluss, wurde stillgelegt, ist aber nach wie vor ein beliebtes Fotomotiv.

Viadukt über die Ruhr bei Witten, Postkarte von 1925.

## WITTEN

Auf der Karte von 1925 ist das Ruhr-Viadukt bei Witten abgebildet, vielmehr nur ein Ausschnitt der 716 Meter langen und acht Meter breiten Brücke über die Ruhr, die bereits 1916 vollendet wurde, über die der Bahnverkehr jedoch erst seit 1924 rollte. Die gesamte zweigleisige und nur 17 Kilometer lange Strecke Witten–Schwelm war im Personenverkehr sogar erst ab 1934 befahrbar, so lange hatten der Erste Weltkrieg und die anschließende Ruhrbesetzung durch französisches und belgisches Militär die Baumaßnahmen verzögert. Die elegante Bogenbrücke besteht aus drei Stahlbögen und 17 Betonbögen, die mit Sandstein verkleidet sind. Mutige Eisenbahner verhinderten im März 1945 die Ausführung des berüchtigten Nerobefehls, so dass das imposante Viadukt erhalten blieb. Im Jahr 1983 wurde die auch Elbschetalbahn genannte Strecke für den Personenverkehr stillgelegt. Oberhalb der Brücke ist das Bergerdenkmal zu erkennen, ein 21 Meter hoher und 1904 fertig gestellter Aussichtsturm, der nach dem Wittener Industriellen, Politiker und Mäzen Louis Constanz Berger (1829–1891) benannt ist. Der Turm ist Teil der Route der Industriekultur, einer touristischen Themenstraße, die herausragende Industriedenkmäler des Ruhrgebiets würdigt und die das Ruhrviadukt wiederum als »Viadukt wie aus dem Bilderbuch« besonders hervorhebt.

Eisenbahnbrücke über die Elbe bei Wittenberge, Ansicht von 1934.

Eisenbahnbrücke bei Elberfeld (heute Wuppertal) mit Zeppelin und Schwebebahn, Ansichtskarte von 1915.

## WITTENBERGE

Die Ansicht von 1934 zeigt die Elbebrücke Wittenberge in ihrem Zustand von 1911. Der erste Brückenbau an dieser Stelle, eine insgesamt rund 1600 Meter lange Holzfachwerkkonstruktion mit 33 Öffnungen, wurde Ende Oktober 1851 mit Eröffnung der Gesamtstrecke Magdeburg–Wittenberge in Dienst gestellt. Aufgrund der starken Belastung erfolgte 1909/10 der zweigleisige Ausbau, auch wurde die schmiedeeiserne Fachwerkkonstruktion von 1883 durch einen modernen Stahlbau ersetzt, wobei ein Mittelpfeiler zugunsten der Schifffahrt beseitigt wurde. Eine 37 Meter lange Stahlfachwerkbrücke mit geknicktem Obergurt ersetzte die alte Drehbrücke (rechts im Bild zu erkennen), es folgten 13 neue Überbauten mit Halbparabelträgern, die zwölf Steingewölbe der Flutbrücke wurden beibehalten. Das zweite Gleis wurden mit Bohlen belegt, so dass es nun auch von Fahrzeugen genutzt werden konnte.
Ein Wehrmachtskommando sprengte am 12. April 1945 die hier sichtbaren Überbauten der Flussbrücke, dabei wurde auch der dann vollständig abgetragene Brückenturm (rechts) stark beschädigt. Eine provisorische Instandsetzung folgte, jedoch wurde ein Gleis als Reparationsleistung an die Sowjetunion demontiert.
Die Wiederinbetriebnahme des zweiten Gleises fand 1950 statt, der Straßenverkehr endete hier 1976. Mit der Elektrifizierung der Bahnstrecke entstand eine neue Flussquerung, die 1987 vollendet war. Mit 1030 Metern war die Strebenfachwerkbrücke aus Stahl der längste Neubau einer Eisenbahnbrücke in der DDR.

## WUPPERTAL-ELBERFELD

Diese schöne Ansicht spiegelt Verkehrsgeschichte des Jahres 1915 wider. Zu sehen ist die Eisenbahnbrücke (Strecke Düsseldorf–Elberfeld) mit einem Personenzug, die die Schwebebahn, eine Straßenbahnlinie sowie die Wupper überquert. Damals (und bis zur Gründung der heutigen Stadt Wuppertal 1929) war Elberfeld eine eigenständige Großstadt. Das bis heute beliebte Postkarten- und Fotomotiv befindet sich zwischen dem Haltepunkt Sonnborn und dem Bahnhof Wuppertal Zoologischer Garten. Die Steinbogenbrücke aus Ruhrsandstein wurde im Mai 1914 südlich der bisherigen Überquerung eröffnet. Sie löste das bereits 1840 errichtete eingleisige Viadukt mit seinen sechs Bögen ab, das eine der ältesten Eisenbahnbrücken Deutschlands war, aufgrund der starken Belastung der Strecke aber dem Verkehr nicht mehr genügte. Die Konstruktion der 1901 eröffneten Schwebebahn durch zwei mittlere Pfeiler hindurch war bereits damals eine technische Meisterleistung. Der Brückenneubau erfolgte bei Aufrechterhaltung des Eisenbahnverkehrs und des Hochbahnverkehrs, also unter schwierigen Bedingungen. Die neue (und heutige) Brücke ist 120 Meter lang, ihr einziger Bogen hat eine Länge von 66 Metern. Kleine bauliche Veränderungen fanden infolge der Elektrifizierung und der Erhöhung in den 1960/70er Jahren statt. Abgesehen von der nicht mehr vorhandenen Straßenbahn und dem fehlenden Zeppelin sieht die Brückensituation noch heute weitgehend so aus wie vor über 100 Jahren.

# WUTACHTAL

Mit dieser idyllischen Ansicht beenden wir unsere Zeitreise. Auf der im Oktober 1911 abgestempelten Karte ist die 108 Meter lange und 28 Meter hohe Wutachbrücke abgebildet, eines von fünf massiven Viadukten der Wutachtalbahn (Lauchringen–Hintschingen). Die 61 Kilometer lange Strecke im Südschwarzwald war wenige Jahre nach dem Deutsch-Französischen Krieg (1870) als strategische Bahn geplant und auf ganzer Länge 1890 eröffnet worden. Die mittlere Weite der Brücke beträgt 48 Meter, die beiden Seitenöffnungen haben eine Weite von 30 Metern. Die untenliegenden Fischbauchträger ruhen auf gemauerten Pfeilern, die mit Kalkstein und Sandstein verblendet sind. Das Bauwerk war so konzipiert, dass es den Transport der schwersten Kanonen jener Jahre standhielt. Die Strecke war für zwei Gleise vorgesehen, doch nur mit einem Gleis ausgebaut und sie war zu keiner Zeit rentabel. Anfang 1976 wurde sie stillgelegt, ab 2004 wurde sie streckenweise reaktiviert, davon unberührt blieb die Wutachbrücke, die gelegentlich zu Museumsfahrten zur Verfügung steht. Da die Strecke auf den ersten 20 Kilometern dem kurvenreichen Fluss Wutach folgt, wird sie auch Sauschwänzlebahn genannt.

Viadukt der Wutachtalbahn/ Schwarzwald, Postkarte von 1911.

Neuer Steg mit Eisenbahnviadukt

MÄRKLIN

Modelleisenbahnanlage im Hauptbahnhof Frankfurt/M. (Aufnahme 2026).

## NACHWORT

Diese abwechslungsreiche Zeitreise durch die annähernd 200jährige Eisenbahngeschichte Deutschlands hat anschaulich gezeigt, mit welch unterschiedlichen Materialien und in welch aufwendigen Formen Eisenbahnbrücken im Laufe der Jahrzehnte errichtet wurden. Ob klein, ob mächtig, ob schlicht oder ornamentgeschmückt, ob aus Sandstein oder Stahl, ob Flüsse oder Täler überwindend, ob standardisiert oder ganz individuell – alle Brücken haben eine verbindende Funktion. Erstaunlich ist, dass etliche große Viadukte trotz der massiven Zerstörungen gegen Ende des Zweiten Weltkrieges überdauert haben und noch immer in Betrieb sind und dass sie sogar von Hochgeschwindigkeitszügen unserer Tage passiert werden. Die Bauwerke spiegeln Architekturgeschichte wider, sie sind oftmals landschaftsprägend, gar Wahrzeichen einer Stadt und ein beliebtes Fotomotiv. Wie Bahnhöfe, Stellwerke, Weichen und Tunnel finden wir sie nicht nur im realen Eisenbahnleben, sondern ebenso liebevoll und ganz selbstverständlich platziert inmitten der Modellbahnanlagen, die uns eine geradezu perfekte Eisenbahnwelt vorführen und damit immer wieder zum Träumen einladen.

## DANK

Für Hinweise, Anregungen und Bildmaterial danke ich Dr. Bernd Braun, René Casagrande, Korbinian Fleischer und Hartmut Lange vom Verlag transpress für die erneut erfreuliche Zusammenarbeit.

## BILDNACHWEIS

Frankfurt: S. 90
Werk und Digitalisat sind gemeinfrei (CC0 1.0 Universal, https://creativecommons.org/publicdomain/zero/1.0/), Architekturmuseum der TU Berlin, Inv. Nr. BZ-F 09,020.
Magdeburg: S. 117
Landesarchiv NRW, Abt. Rheinland (Hansa Luftbild), Schrägluftbilder, Zwischenkriegszeit RW 0229, Nr. 27357.
Archiv Heimatverein Meinerzhagen: S. 8, 9
Sammlung Wolfgang Löckel S. 46
Stadtarchiv Leinfelden-Echterdingen: S. 139
Elisabeth Unselt (Nachlass Richard Stumm): S. 11
Archiv Jörg Koch/Jörg Koch: alle übrigen:
Fred Ramage/Keystone Features/Getty Images: 31 u.
Bettmann/Getty Images: 60
US ARMY/AFP via Getty Images: 61
General Photographic Agency/Getty Images: 128
alxpin/Getty Images: S. 32

## DER AUTOR

Jörg Koch ist promovierter Historiker, Oberstudienrat in Frankenthal/Pfalz, Stadtrat in Worms und Autor zahlreicher regionaler und überregionaler Bücher. Seine letzten Titel lauten: »Dass Du nicht vergessest der Geschichte. Staatliche Gedenk- und Feiertage in Deutschland von 1871 bis heute« (Darmstadt 2019), »Einigkeit und Recht und Freiheit. Die Geschichte der deutschen Nationalhymne« (Stuttgart 2021), »Kino für das Ohr. 100 Jahre Rundfunkgeschichte(n)« (Stuttgart 2023), »Die Gedanken sind frei. August Heinrich Hoffmann von Fallersleben. Ein Dichterleben« (Reinbek 2024), »Zug fällt aus. Dramatische Ereignisse der Eisenbahngeschichte« (Stuttgart 2025) und »Historische Kriminalfälle in der Pfalz« (Tübingen 2026).

# WEITERE INTERESSANTE BÜCHER ZUM THEMA

Der Historiker und Oberstudienrat Dr. Jörg Koch widmet sich in seinem neuesten Buch den dramatischen und tragischen Ereignissen aus der Geschichte der Eisenbahn. Auf diese Weise entstand ein historisches Lesebuch, das über alles berichtet, was bei der Eisenbahn schief gehen kann.
160 Seiten, 30 Abb., 140x205 mm
ISBN 978-3-613-71740-4
**€ 19,95 | € (A) 20,60**

Anthony Lambert berichtet über stillgelegte doch bis heute legendäre Bahnlinien, deren einzigartige Geschichten der bekannte Autor nach Kontinenten geordnet anschaulich erzählt, unterstützt von nostalgischen Erinnerungen an die verlorene Welt der Speisewagen, Schlafwagen und Gepäckträger.
208 Seiten, 180 Abb., 210x240 mm
ISBN 978-3-613-71762-6
**€ 29,90 | € (A) 30,80**

Diese aufwendig bebilderte Chronik von Heinrich Petersen erzählt die bald 200-jährige Geschichte der Eisenbahn. Dabei schlägt der Autor einen weiten Bogen und skizziert den Werdegang von Dampflok, Diesellok, Elektroantrieb, Gleisbau, Oberleitungsbau und vielem mehr.
320 Seiten, 474 Abb., 230x265 mm
ISBN 978-3-613-71719-0
**€ 39,90 | € (A) 41,10**

Im Jahr 1970 möchte Günter Holle sein Heimatland mit der Eisenbahn einmal umrunden. Die deutsche Teilung sorgt dafür, dass er sein Unterfangen auf Westdeutschland beschränken muss. In seinem Buch berichtet er anschaulich über seine Eindrücke und Erlebnisse auf dieser Reise.
96 Seiten, 100 Abb., 240x220 mm
ISBN 978-3-613-71742-8
**€ 19,95 | € (A) 20,60**

Leseproben zu allen Titeln
auf unserer Internetseite

Stand März 2025
Änderungen in Preis und Lieferfähigkeit vorbehalten.

Überall, wo es Bücher gibt, oder unter
WWW.MOTORBUCH-VERSAND.DE
Service-Hotline: 0711 / 78 99 21 51
www.facebook.com/MotorbuchVerlag